大连理工大学管理论丛

面向智能制造的数字孪生
构建方法与应用

闵庆飞　卢阳光　著

本书由大连理工大学经济管理学院资助

科学出版社

北　京

内 容 简 介

现代工厂面对全球化和新技术带来的机遇和挑战，需要灵活实用的精益制造和优化方法。数字孪生信息技术方法有望帮助工厂更好地应对全生命周期的新问题和挑战。本书提出面向工厂全生命周期构建数字孪生的方法框架，指出方法框架的构成核心即数字孪生实践环，并说明数字孪生实践环的组成要素和作用。在数字孪生方法框架的基础上，展开面向制造型企业不同阶段的数字孪生工厂理论与应用方法的研究，包括规划阶段、生产控制阶段和流程再造阶段。

本书适合对智能制造、数字孪生感兴趣的专业研究人员、企业工程技术人员和相关专业的研究生等阅读与参考。

图书在版编目（CIP）数据

面向智能制造的数字孪生构建方法与应用/闵庆飞，卢阳光著. —北京：科学出版社，2022.5

（大连理工大学管理论丛）

ISBN 978-7-03-067307-7

Ⅰ. ①面⋯ Ⅱ. ①闵⋯②卢⋯ Ⅲ. ①智能制造系统—研究
Ⅳ. ①TH166

中国版本图书馆 CIP 数据核字（2020）第 268757 号

责任编辑：陶　璇 / 责任校对：刘　芳
责任印制：张　伟 / 封面设计：无极书装

科 学 出 版 社 出版
北京东黄城根北街 16 号
邮政编码：100717
http://www.sciencep.com
北京虎彩文化传播有限公司 印刷
科学出版社发行　各地新华书店经销

*

2022 年 5 月第　一　版　开本：720×1000　1/16
2022 年 9 月第二次印刷　印张：9 1/4
字数：186 000
定价：96.00 元
（如有印装质量问题，我社负责调换）

作 者 简 介

　　闵庆飞，男，大连理工大学经济管理学院教授、博士生导师；信息系统与商业分析研究所所长；辽宁省普通高校电子商务专业教育指导委员会副主任、秘书长。研究方向包括信息系统行为、电子商务、人工智能创新应用等。主持国家自然科学基金科研项目3项，国际合作项目1项；发表学术论文100多篇，出版专著4部、教材2部。

卢阳光，男，工学博士，九三学社社员。研究方向为工业大数据、智能制造理论与方法。历任德国大众、中国万达、宁德新能源的数字工厂工程师、数字技术部总监、大数据高级经理等职务；现任三一重机有限公司大数据所所长。在离散工业和流程工业的数字工厂、数字孪生、大数据应用方面都有丰富的项目经验。在 *International Journal of Information Management*、*International Journal of Computer Integrated Manufacturing*、《工业工程与管理》等期刊发表多篇工业大数据、数字孪生、智能制造领域的学术论文。昆山市创新领军人才，苏州市高端人才，IEEE 智能制造标准委员会专家。

丛书编委会

总　序

　　编写一批能够反映大连理工大学经济管理学科科学研究成果的专著，是近些年一直在推动的事情。这是因为大连理工大学作为国内最早开展现代管理教育的高校，早在 1980 年就在国内率先开展了引进西方现代管理教育的工作，被学界誉为"中国现代管理教育的摇篮，中国 MBA 教育的发祥地，中国管理案例教学法的先锋"。

　　大连理工大学管理教育不仅在人才培养方面取得了丰硕的成果，在科学研究方面同样也取得了令同行瞩目的成绩。在教育部第二轮学科评估中，大连理工大学的管理科学与工程一级学科获得全国第三名的成绩；在教育部第三轮学科评估中，大连理工大学的工商管理一级学科获得全国第八名的成绩；在教育部第四轮学科评估中，大连理工大学工商管理学科和管理科学与工程学科分别获得 A-的成绩，是中国国内拥有两个 A 级管理学科的 6 所商学院之一。

　　2020 年经济管理学院获得的科研经费已达到 4 345 万元，2015 年至 2020 年期间获得的国家级重点重大项目达到 27 项，同时发表在国家自然科学基金委员会管理科学部认定核心期刊的论文达到 1 000 篇以上，国际 SCI、SSCI 论文发表超800 篇。近年来，虽然学院的科研成果产出量在国内高校中处于领先地位，但是在学科领域内具有广泛性影响力的学术专著仍然不多。

　　在许多的管理学家看来，论文才是科学研究成果最直接、最有显示度的体现，而且论文时效性更强、含金量也更高，因此出现了不重视专著也不重视获奖的现象。无疑，论文是科学研究成果的重要载体，甚至是最主要的载体，但是，管理作为自然科学与社会科学的交叉成果，其成果载体存在的方式一定会呈现出多元化的特点，其自然科学部分更多地会以论文等成果形态出现，而社会科学部分则既可以以论文的形态呈现，也可以以专著、获奖、咨政建议等形态出现，并且同样会呈现出生机和活力。

　　2010 年，大连理工大学决定组建管理与经济学部，将原管理学院、经济系合并，重组后的管理与经济学部以学科群的方式组建下属单位，设立了管理科学与工程学院、工商管理学院、经济学院以及 MBA/EMBA 教育中心。2019 年，大连理工大学管理与经济学部更名为大连理工大学经济管理学院。目前，学院拥有 10 个研究所、5 个教育教学实验中心和 9 个行政办公室，建设有两个国家级工程研究中心和实验室，六个省部级工程研究中心和实验室，以及国内最大的管理案例共享平台。

经济管理学院秉承"笃行厚学"的理念，以"扎根实践培养卓越管理人才、凝练商学新知、推动社会进步"为使命，努力建设成扎根中国的世界一流商学院，并为中国的经济管理教育做出新的、更大的贡献。因此，全面体现学院研究成果的重要载体形式——专著的出版就变得更加必要和紧迫。本套论丛就是在这个背景下产生的。

本套论丛的出版主要考虑了以下几个因素：第一是先进性。要将经济管理学院教师的最新科学研究成果反映在专著中，目的是更好地传播教师最新的科学研究成果，为推进经济管理学科的学术繁荣做贡献。第二是广泛性。经济管理学院下设的 10 个研究所分布在与国际主流接轨的各个领域，所以专著的选题具有广泛性。第三是选题的自由探索性。我们认为，经济管理学科在中国得到了迅速的发展，各种具有中国情境的理论与现实问题众多，可以研究和解决的现实问题也非常多，在这个方面，重要的是发扬科学家进行自由探索的精神，自己寻找选题，自己开展科学研究并进而形成科学研究的成果，这样一种机制会使得广大教师遵循科学探索精神，撰写出一批对于推动中国经济社会发展起到积极促进作用的专著。第四是将其纳入学术成果考评之中。我们认为，既然学术专著是科研成果的展示，本身就具有很强的学术性，属于科学研究成果，那么就有必要将其纳入科学研究成果的考评之中，而这本身也必然会调动广大教师的积极性。

本套论丛的出版得到了科学出版社的大力支持和帮助。马跃社长作为论丛的负责人，在选题的确定和出版发行等方面给予了极大的支持，帮助经济管理学院解决出版过程中遇到的困难和问题。同时特别感谢经济管理学院的同行在论丛出版过程中表现出的极大热情，没有大家的支持，这套论丛的出版不可能如此顺利。

大连理工大学经济管理学院

2021 年 12 月

前　言

　　数字孪生（digital twin，DT）与其他新兴技术诸如物联网（internet of things，IoT）、数据挖掘和机器学习一样，为当今制造模式向智能制造模式的转变提供巨大的潜力。对智能制造研究成果量化分析、梳理和总结，可以发现数字孪生作为突破性的应用技术框架，将会成为实现信息物理系统（cyber physical systems，CPS）乃至智能制造的必要方法，值得深入和全面地展开研究。

　　现代制造业为了提升在效率、智能化和可持续性方面的管理水平，需要将工厂全生命周期各个阶段的数据与物理系统融合，体现在规划、生产控制和流程再造等各个阶段。现代工厂面临着快速变化的市场节奏，需要敏捷有效的规划方法；现代工厂的生产控制面对复杂环境和高实时性的要求，需要智能的生产控制优化手段；现代工厂面对全球化和新技术带来的机遇和挑战，需要灵活实用的流程再造方法。新型的数字孪生信息技术方法有望帮助工厂更好地应对全生命周期的新问题和挑战。

　　本书提出面向工厂全生命周期构建数字孪生的方法框架，指出方法框架的构成核心即数字孪生实践环（digital twin practice loop，DTPL），并说明数字孪生实践环的组成要素和作用。在数字孪生方法框架的基础上，展开研究面向制造型企业不同阶段的数字孪生理论与应用方法，包括规划阶段、生产控制阶段和流程再造阶段。

　　规划阶段的数字孪生研究，为规划工作设计了一种新的快速仿真模型，称为效率验证分析（efficiency validate analysis，EVA）模型，并基于工业物联网（industrial internet of things，IIoT）和EVA，构建了一种敏捷规划的数字孪生方法，以在制造业规划工作中提升规划效率和降低规划成本。基于数字孪生的规划方法在汽车再制造工业中的实例，证明基于数字孪生的新方法比传统方法能更有效地支持制造业规划任务。

　　生产控制阶段的数字孪生研究，提出通过IIoT和机器学习构建生产控制数字孪生的方法。工业大数据与机器学习持续训练和优化数字孪生模型，实现用数字孪生实时优化生产控制，动态适应不断变化的环境，及时响应市场变化。数字孪生的生产控制方法应用于石化工厂的实例，验证这种方法能够显著提高生产经济效益。

流程再造阶段的数字孪生研究，将传统的精益方法，如价值流程图（value stream mapping，VSM）等，通过与 IIoT 和轻量级仿真模型有效整合，提出一种生产流程再造的数字孪生方法。该方法基于数字孪生，为传统精益方法的定量分析提供基础。将数字孪生的生产流程再造方法应用于中小型制造业工厂的实例，证明该方法可以有效提升精益方法对生产流程再造工作的效果和精确度。

目　　录

第1章 蓄势待发的数字孪生

1.1 智能制造时代的数字孪生

智能制造作为一个发展演变中的话题，其定义、应用范围、研究热点和趋势，已经是工业信息化研究领域的一个常态话题，近年来针对智能制造概念的研究和实践不断涌现。智能制造涉及智能产品、智能生产及智能服务等多个方面及其优化集成，从技术机理角度来看，这些方面尽管存在差异，但本质上是一致的，即"人-信息-物理系统"的融合（Zhou et al.，2018）。

制造业工厂的全生命周期，包括工厂的规划、设计、建设、控制、升级和再造阶段，如图 1.1 所示。工厂全生命周期跨度因行业性质和企业体量而异，一般可达三五十年，在整个过程中实体的工厂一直在不断丰富、改进和演变。在每一个阶段，企业都面临不同的管理问题和技术挑战，工厂中的人员、设备、物流、流程、环境和数据，在全生命周期的不同阶段以不同的方式相互衔接和互动，因此需要采用不同的系统和模型实现信息化技术与管理过程的结合。其中和智能制造相关性最强的是规划、生产控制和流程再造三个阶段，因此，本书将围绕这三个阶段展开研究。

通过回顾智能制造的定义和已有研究发现，CPS 是在新的工业现代化背景下，实现智能制造的核心组成要素，而当前实现 CPS 的具体应用技术和实证研究都较少见。Tao 和 Qu 的研究指出，随着信息世界和物理世界之间深度融合的技术条件日趋成熟，数字孪生作为突破性的应用技术框架，将会成为实现 CPS 乃至智能制造的基础，其内在机理和应用模式值得被深入、全面地研究（Tao and Zhang，2017；Qu et al.，2015；Tao et al.，2019a）。

数字孪生也被翻译为数字双生、数字双胞胎、数字镜像或者数字化映射，是在新一代信息技术和制造技术驱动下，整合多属性、多维度和多应用可能性的仿真技术（Githens，2007；Glaessgen and Stargel，2012；Grieves and Vickers，2017；

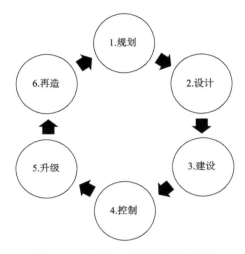

图 1.1 制造业工厂的全生命周期

陶飞等，2018，2019）。数字孪生利用数字技术对物理实体对象的特征、行为、形成过程和性能等进行描述与建模，同时又采用先进的传感器、IIoT 和历史大数据分析等技术，具有超逼真、多系统融合和高精度的特点，可实现监控、预测和数据挖掘等功能（Glaessgen and Stargel，2012；Shafto et al.，2010）。著名的 IT 行业咨询研究公司 Gartner 在 2017~2019 年连续三年把数字孪生列为未来十大战略技术趋势之一，并认为数字孪生包括元数据、处境、事件数据和分析方法，是事物或系统的多元软件模型，依靠传感器及其他数据来理解它的处境，回应变化，提高运营，增加价值。

Grieves（2015）、Rosen 等（2015）、Vachálek 等（2017）的理论和实践研究提出，数字孪生既包括数字化的虚拟镜像，也包括物理的实体对象，以及虚拟和实体之间双向真实映射与实时交互的信息连接和驱动关系。Boschert 和 Rosen（2016）指出数字孪生体的存在跨越实体设备或工厂的全生命周期，而且其复杂度是伴随着实体对象的成长和运行过程而不断增长的。数字孪生是 CPS 概念的具体化应用技术，它继承了数字工厂中对客观物理对象数字化、可视化、模型化和逻辑化的理念，同时又赋予 CPS 概念中的计算进程和物理进程一体化融合的能力，通过环境感知+物理设备联网，将资源、信息、物体及人紧密联系在一起（庄存波等，2017；于勇等，2017；陶飞等，2017a）。数字孪生为制造业实现 CPS 概念提供了一种具体的应用技术框架，为"工业 4.0""中国制造 2025"等以 CPS 为核心的制造业战略实施带来突破性发展，因此，数字孪生是对智能制造的实现有着指向性意义的前沿技术（陶飞等，2017a；Lee et al.，2013；Uhlemann et al.，2017a；Tao et al.，2019b；Esposito et al.，2016；卢阳光等，2019a）。

目前的研究成果聚焦在数字孪生的概念和价值方面，以及面向产品全生命周期的数字孪生构建方面，但是针对工厂全生命周期的数字孪生研究还比较缺乏，尤其是规划、生产控制和流程再造阶段，缺乏具体的数字孪生落地方法和实例研究。通过对已有文献回顾发现，鲜有学者提出制造业工厂生命周期各阶段具体的数字孪生应用模型和应用方法，并进行实践验证。数字孪生在工厂的规划、生产控制和流程再造阶段的具体应用方法和应用模式，有待深入挖掘。同时，对数字孪生的研究还较少考虑在不同工业情境下的实际应用问题，如在离散制造、流程制造、中小型制造业、再制造工业等不同情境下的可用性问题，以及在面向这些对象的研究中需要考虑的物理实体、虚拟模型和管理人员三者之间的关系问题，都涉及设计智能化、操作智能化、控制智能化和管理智能化的实现。2018年陶飞等发表的多篇理论研究指出，以下领域是未来数字孪生的热点研究方向：模型和实体数据源之间的衔接、虚拟仿真建模和模型有效性验证，以及基于数字孪生的运营优化技术（Tao et al.，2018a，2018b）。

本书为了填补面向工厂全生命周期的数字孪生研究空白，提出"面向智能制造的数字孪生构建方法与应用"这一课题，主要内容包括：生产制造情境下的数字孪生方法框架；规划阶段的数字孪生构建方法及应用；生产控制阶段的数字孪生构建方法及应用；流程再造阶段的数字孪生构建方法及应用。以上课题同时提供了在不同的工业情境下的实践案例。

在全球制造业发展中，产业分工越来越细，产品模块化程度不断提升，生产过程可分性日益增强，信息技术、产业技术和物流技术进步带来协同效率显著提高，交易成本明显下降。市场对企业的生产效率同时提出了更高的要求，市场分工细化也增加市场本身的系统复杂程度，为企业参与市场竞争提出新的挑战（Esposito et al.，2016）。传统的信息化提升企业的生产效率，但是缺乏对生产系统的深度嵌入，尤其是传统的信息化思路没有实现生产系统的智能化改造（Esposito et al.，2018；Ferreira et al.，2017）。过去的研究表明，如果企业能够通过智能制造快速有效地响应市场变化，及时调整产能和生产模式，按照市场需求的比例和组合提供各种高质量的产品，以保持较低的制造成本来满足客户的期望和需求，那么企业有望走向成功（Santos et al.，2017）。

周济（2015）定义智能制造的三个基本范式为数字化制造、数字化网络化制造和数字化网络化智能化制造。当前实现 CPS 的具体应用技术和实证研究比较少见，随着信息世界和真实的物理世界之间深度融合的前提技术条件日趋成熟，数字孪生作为突破性的应用技术框架，将会成为实现 CPS 乃至智能制造的基础，其理论方法、模型、算法和在具体情境下的应用技术，都值得展开深入和全面的研究。

现代制造业面临着快速变化的市场环境，因此，制造业工厂在其全生命周期面临着以下三个问题的挑战：其一，在规划阶段，为满足新生产线建设规划的需求，或者临时性改造项目，需要研究快捷有效的仿真手段，从而以比较低的仿真代价来对新市场环境下的规划工作进行高效率的分析。其二，在生产控制阶段，工业生产的经济效率在很大程度上受到产品的输出数量、质量和市场价格的影响，市场需求和生产价格的波动会对最终产品组合的可控性提出更高要求。最终产品的多样性和生产控制变量的复杂性，又对工业生产过程中的安全性、稳定性、连续性和实时控制能力提出很高的要求。研究如何利用先进的生产控制方法来提升生产过程控制能力，具有非常重要的意义（Min et al.，2019）。其三，在流程再造阶段，传统制造业在面临着全球化和新兴技术带来的机遇和挑战的时候，迫切需求快捷有效的方法和工具，尤其是改善传统精益方法在企业升级改造过程中输出结论"不够精确"的问题，来优化提升企业竞争力，以有效应对新一轮产业革命带来的更加激烈的竞争环境（Lu et al.，2019）。

数字孪生已被证明是一种可行的方法，用来集成制造业的物理世界和信息世界，并有效地支撑企业实现智能制造战略目标。在生产制造领域，数字孪生的研究既应该面向产品本身及其生产制造过程，也应该面向制造型企业本身及其全生命周期。在制造业领域，从企业实体层面去分析和研究，探索数字孪生在制造型企业的全生命周期各阶段的构建方法和应用研究，包括规划、生产控制和流程再造阶段的数字孪生模型框架和数字孪生构建方法，以及应用技术和实例分析，都是值得展开的研究领域。

本书研究面向智能制造的数字孪生构建方法与应用问题，将致力于实现以下创新目标：提出智能制造的数字孪生方法框架，并构建数字孪生实践环，在此基础上分别面向规划、生产控制和流程再造阶段，构建出全新的数字孪生理论与方法，并对理论与方法的有效性进行实践研究。

1.2　科学图谱视角下的智能制造研究回顾

1. 科学图谱视角下的智能制造文献计量分析

CiteSpace 是在科学计量学、数据可视化基础上设计的一款展示科学知识结构、规律和分布的科学图谱软件，在国际、国内各学科领域的发展趋势和前沿研究中被广泛应用（Chen et al.，2010）。文献聚类分析的目的是基于信息论的方法，解析出学科研究的分类领域并将其标识出来，常见的算法有 LSI（latent semantic index，潜在的语义索引）、LLR（log-likelihood ratio，对数似然比）、MI（mutual information，互信息）等（Chaomei，2017），其中 LLR 算法采用简单有效的方式推断事件 A 和事件 B 之间的关系，在 CiteSpace 的聚类功能中最常用，其计算方法如式（1.1）所示。在 CiteSpace 软件中，对中国知网平台基于 KNS（knowledge network service，知识网络服务）技术检索到的，并经过筛选的 1 046 篇"核心+硕博"文献样本集进行 LLR 算法聚类分析，并展示可视化结果（图 1.2）。

$$
\begin{cases}
LLR = 2\mathrm{sum}(k)\Big(H(k) - H\big(\mathrm{rowsums}(k)\big) - H\big(\mathrm{colsums}(k)\big)\Big) \\
H(k) = -\sum \dfrac{k_{ij}}{\mathrm{sum}(k)} \log \dfrac{k_{ij}}{\mathrm{sum}(k)}
\end{cases}
\tag{1.1}
$$

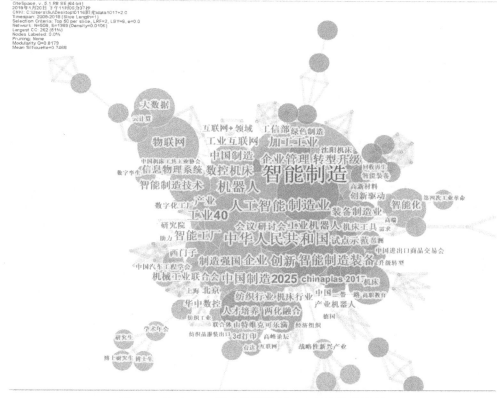

图 1.2　基于 LLR 算法的智能制造文献的聚类视图

2. 观点归纳

在核心期刊文献的范畴内，综合考虑文献主题与智能制造定义的相关性程度、被引用的次数和作者是否为院士等影响力因素，选择 7 篇文献按照年份排序并概括其权威观点，如表 1.1 所示。

表 1.1　智能制造内涵定义的观点

学者	内涵定义	外延	发表年份
路甬祥（2010）	人与智能机器的合作，扩大、延伸和部分取代人类专家在制造中的脑力劳动，从以人为决策核心向以机器自主运行为核心转变	实现效果	2010
朱剑英（2013）	多信息感知与融合，知识表达、获取、存储和处理，具有联想记忆、自学习、自适应、自组织、自维护、自优化功能的系统	实现效果	2013
孙柏林（2013）	在现代传感技术和拟人化智能技术等先进技术的基础上，通过智能化的感知、人机交互、决策和执行技术，实现设计过程、制造过程和制造装备智能化	技术构成	2013
左世全（2014）	在制造过程中进行感知、分析、推理、决策与控制，实现需求动态响应、产品迅速开发及供应链实时优化	产业战略	2014
张曙（2014）	通过感知、人机交互、决策、执行和反馈，实现设计、制造和管理及服务的智能化	技术构成	2014
周济（2015）	作为新一轮工业革命的核心技术和"中国制造2005"的制高点、突破口和主攻方向，智能制造要从产品、生产、模式、基础四个维度推进	产业战略	2015
吕铁和韩娜（2015）	以新一代信息技术为基础，配合新能源、新材料、新工艺，贯穿设计、生产、管理、服务等制造活动各个环节	技术构成	2015

　　历年来学者对智能制造的定义各有区别，目前为止相关研究有四点基本共识：①近年来中国制造业存在大而不强的问题，并面临着欧美发达国家"再工业化"前后夹击的严峻挑战，而智能制造作为国家战略是破解这个问题的关键（周济，2015；傅建中，2014；路甬祥，2010；吕铁和韩娜，2015；朱剑英，2013；孙柏林，2013；左世全，2014）；②智能制造不只是面向制造过程的话题，而是涉及产品智能化、生产智能化、服务智能化和产业模式创新变革的宏大的系统工程，并将导致组织模式、企业管理和人才需求的巨大变化（周济，2015；林文进等，2009；路甬祥，2010；张曙，2014；吕铁和韩娜，2015；朱剑英，2013）；③智能制造在 CPS、IIoT、云计算和大数据等应用技术的支撑下，将会有效实现个性化定制和大批量生产的融合，大幅提升服务水平，延展工业生产的价值链条，并推动产业形态从生产型制造向服务型制造转变（Zhou et al.，2018；周济，2015；林文进等，2009；路甬祥，2010；张曙，2014；吕铁和韩娜，2015）；④节能减排、绿色环保是智能制造的重点关注领域（周济，2015；路甬祥，2010；孙柏林，2013；傅志寰等，2015）。

　　现有研究存在以下争议点：①智能制造的产业聚焦点应在何处。有学者认为智能制造将实现制造业向高端产业和高端环节转移，因此需要大力培养和发展新兴产业，加大传统产业升级转型的力度（于晓宇，2013）。路甬祥（2010）认为通过智能制造实现制造业能源节约型转变是当务之急。朱剑英（2013）认为，中小企业、传统产业的智能化、数字化需要被重点关注。②中国智能制造的当前位置和实现路径。有学者认为中国还在相对落后的工业 2.0 阶段,并根据构建指标体系预测,中国将通过创新和质量来提升品牌力,且有望在 2025 年、2035 年、2045 年分步进入制造强国第二方阵、第二方阵前列、第一方阵(周济,2015),也有学者依据过去科技和工业的统计数据,认为中国从引进消化吸收走向自主创新的路径是行之有效的(路甬祥,2010)。另有学者基于现有的产业基础及技术水平,认为中国智能制造的发展可分两步走,于 2020 年实现重点领域智能制造装备数控化,于 2030 年制造业通过推进智能模式的转变全面实现数字化(左世全,2014),还有学者认为中国推进智能制造应采取"并联式"的发展方式,采用"并行推进、融合发展"的技术路线,并行推进数字化制造、数字化网络化制造和新一代智能制造(Zhou et al.,2018)。③政策主导还是产业主导。有学者认为应当充分发挥我国制度优越性,由政府主导,官产学研结合,实现从总体规划、顶层设计到重点突破、全面推进的有组织的创新(周济,2015;吕铁和韩娜,2015;朱剑英,2013;左世全,2014)。有学者认为,在国家的大力倡导和推动下,我国已经形成一批著名企业、制造产业集聚地(张曙,2014;吕铁和韩娜,2015;左世全,2014),也有学者给出结论,技术能力和制度环境是新兴市场新创企业国际创业绩效的决定因素(于晓宇,2013)。另有学者研究表明,随着工业结构从集中向分散转变,云制造模式与服务平台将促使越来越多微小企业的资源共享与重用,自主联盟成为智能化工厂的先锋队(王崴等,2013)。

同时,横向对比国外提出的智能制造战略及其相关具体描述,包括美国的"先进制造业伙伴计划"、德国的"工业 4.0 战略计划"、英国的"英国工业 2050 战略"、法国的"新工业法国计划"、日本的"超智能社会 5.0 战略"和韩国的"制造业创新 3.0 计划",可以发现,世界各国在将智能制造作为本国的关键竞争优势发展战略的时候,多数都聚焦在本国如何致力于实现先进信息技术与先进制造技术的深度融合,以及结合云计算、大数据、移动互联网、物联网和数字化等智能化制造的基础技术,以推动新一代生产力和生产方式的产生与变革的话题。

综合国内多位院士和重要学者在学术期刊有关智能制造话题高被引文献的观点,以及 Nature、Science 等国际顶级期刊的关注重点(Choudhary et al.,2008;Guo and Zhang,2009;Cully et al.,2015;Kusiak,2017;Kagan et al.,2016;Adamo et al.,2016),本书支持对"智能制造"定义如下:智能制造是面向产品和工厂的全生命周期的,以云计算、大数据、移动互联网、物联网和数字化等新一代信息技术为基础,配合新型的能源、材料、工艺和装备,通过智能化的感知、人机交互、决策和执行技术,贯穿于产品与工厂设计、制造、管理和服务的全生命周期的各个环节,形成的先进制造过程、系统与模式的总称。

3. 智能制造背景下的机器学习和生产控制综述

Carbonell 等多位学者过去的许多理论和应用研究证明，基于大数据的机器学习方法，包括数据挖掘、模式识别和人工神经网络的应用，在制造业有广阔的应用前景（Kateris et al.，2014；Köksal et al.，2011；Wen et al.，2012；Zhang，2004）。然而，关于机器学习模型在工业中的实际应用和方法，特别是基于大数据的机器学习应用方法和物联网技术的结合研究还不多见。因此，相关的理论框架、方法和应用研究仍然值得进一步推动和发展。

Rehman 等多位学者近年的研究成果表明，大数据和机器学习的领域已经越来越广泛（Tellaeche and Arana，2013；ur Rehman et al.，2016；Yaqoob et al.，2016）。Hatziargyriou（2001）总结了机器学习在电力系统中的应用。Monostori（2003）引入混合人工智能和多策略机器学习方法来管理制造中的复杂性、变化性和不确定性。Pham 等（2004）提出数据挖掘和机器学习技术在冶金工业中的应用。Tellaeche和 Arana（2013）分析了用于塑料成型行业质量控制的机器学习算法，并给出了一个应用实例。Rana 等（2015）讨论了在工业中影响机器学习算法采用或接受决策空间的因素，以分析如何在工业中采纳和接受机器学习算法。Bilal 等（2016）讨论了建筑业采用大数据的现状和未来的潜力。

在许多现有的研究中，机器学习和大数据在制造业中的实用价值已经被概述、论证和强调。大数据被视为"数字时代的一种新型战略资源，也是推动产业创新的关键因素，正在改变当前的生产制造方式"（Santos et al.，2017；Lim et al.，2018；Mamonov and Triantoro，2018）。Zhang 等（2017）提出一个大数据分析的总体架构，以改进产品全生命周期和生产决策。Wu 等（2017）使用大数据来探索供应链风险和不确定性的决定性因素。Tao 等（2018c）通过对制造业数据生命周期研究进行历史回顾综述，讨论大数据在支持智能制造中的作用。

在许多现有研究中已经概述、证明并强调制造业中机器学习和大数据的实用价值，但在生产制造业中实施机器学习技术的研究，仍然有很大的探索空间。Cheng 等（2018）指出，从实体生产站点收集到的或在各种信息系统中产生的大量原始数据，将导致严重的信息过载问题，并且大多数传统的数据挖掘技术，目前仍然不能很好地处理大数据以用于智能生产管理。其中典型的一种情况是，由于工业大数据维度过大和数据产生速度过快，目前仍然鲜有基于机器学习的生产控制数字孪生框架模型的研究。

传统的机器学习方法与数字孪生方法对生产控制最大的区别在于，机器学习可以是一个单一的过程，集中在一次知识输出上，而数字孪生方法是物理制造工厂和虚拟数字工厂之间的连续交互过程。在一个数字孪生框架中，虚拟数字工厂模型将不断地从物理生产线收集实时数据，并使用实时数据和历史数据进行模型培训、模型验证和模型更新，并最终反馈给真实工厂，以实现生产控制目的。在现实世界中，物理工厂将根据虚拟工厂模型的仿真和优化结果进行生产。

因此，在数字孪生框架下，虚拟工厂和实体工厂不断地交换数据，促进生产控制的持续优化，这是网络世界和现实世界之间的一个实践循环。如何结合机器学习和物联网技术，构建一个制造业在生产控制阶段的内在运行机制的数字孪生模型，为制造业的生产控制优化提供一种持续改进的内在循环迭代机制，从理论到实践都有着重要的意义。

4. 智能制造背景下的精益方法和生产流程再造综述

大量的理论和实证工作证明基于仿真的精益方法，在生产工艺改造和优化中有重要意义。van de Aalst 和 van Dongen（2002）提出一种基于时间戳日志的工作流模型，并开发了基于 Petri 网理论和数据挖掘工具的工作流模型重构技术。Li 等（2004）提出一种基于工作流模型和 Petri 网的多维工作流网，用于工作流性能建模和分析。除了研究过程建模和分析外，其他工作还采用基于事件的方法和仿真来实现过程优化。Sandanayake 和 Oduoza（2009）建立了基于多元线性回归模型的实时生产模型，并利用计算机仿真对精益生产（lean manufacturing）的有效性进行评价。Heravi 和 Firoozi（2017）利用离散事件模拟对生产线的生产率进行研究，并采用精益原理，证明该方法可以成功地应用于工业化和预制施工中。

许多精益生产的研究集中在各种具体工具和方法的应用上，如 VSM 等方法，并讨论其局限性。Shah 和 Ward（2003）研究了环境因素的影响，并且得出的结论表明，强大的惯性力量可能影响实施，较小或较老的企业实施 VSM 的可能性较小。Seth 和 Gupta（2005）、Lasa 等（2008）讨论了 VSM 的优势、弱点和不足，分析了 VSM 理论能够适应实际应用的水平。Seth 等（2017）进一步研究证明基于 VSM 的精益消息在简单和复杂的环境中都是相同的，但是"VSM 假设"和"微观概念"之间存在不一致。Mcdonald 等（2002）、Gurumurthy 和 Kodali（2011）分别介绍了两种不同的应用实例，探讨如何通过仿真提高 VSM 的应用意义。

一些研究证明，基于精益理论的工具和方法既适用于发展中国家，也适用于劳动密集型产业。Huang 和 Liu（2005）以中国台湾在中国大陆投资的工厂为例，找出由 VSM 启动精益控制的重点阶段。Comm 和 Mathaisel（2005）对中国的一家纺织厂进行案例研究，证明精益原则和工具同样适用于发展中国家的劳动密集型产业。

一些研究还指出，在结合精益理论的工具和方法应用的时候，现有仿真工具存在的不足，如工具过于复杂、实施需要高素质的工人、软件许可证投资和劳动投入过高、实施成本较高。这些缺点阻碍中小企业采用仿真，然而过去的研究工作并没有为解决这一问题提供可实际应用的方法。数字孪生的仿真方法和 VSM 等经典精益生产管理方法的结合，有望为企业的优化和升级改造工作提供一个快捷而有效的规划方法。

5. 智能制造研究局限性和展望

对智能制造研究成果进行可视化分析，得出以下当前智能制造研究的局限性。

（1）现有研究仍然未能对智能制造的最终实现效果进行清楚叙述。研究宏观战略的文献聚焦在形势展望和体系构建方面，而应用技术的文献局限于特定的解决方案，与此同时，较多先进案例文献着重于具体应用场景，因此并不能融合成具有普遍适用性的目标框架。目前为止，用何标准来界定是否达成实现智能制造的愿景，从宽泛的工业制造角度，仍然不够明晰，而细分到具体制造业领域，也未见形成清晰的定义。

（2）缺乏对新一代智能制造范式和其内在机理的深度理论研究。在我国工业自主创新能力不强，一些关键装备、核心技术依赖进口，自主品牌缺乏，缺少有国际竞争力的大企业集团，在国际产业链的分工中处于价值链的低端这样的背景下，如何按照新一代智能制造范式的本质要求，统筹协调"人"、"信息系统"和"物理系统"的综合集成大系统，使制造业的质量和效率跃升到新的水平，将需要对智能制造范式和其内在机理进行深入探索。同时也涉及人才培养、社会关系、人文伦理、技术合作与自主研发、挖掘创新潜能等一系列话题的研究，这些研究目前还比较缺乏。

（3）针对流程制造行业研究的滞后性和局限性。流程工业在国家工业生产总值中占了将近一半比重，而从知识图谱输出的结论可以发现，该领域针对智能制造的研究有一定的滞后性和局限性，输出成果也较少。导致这种现象的原因：一方面是流程工艺和产品本身不如离散工业复杂；另一方面也可能是其产业聚集度和产业门槛都比较高，约束其市场活力和产学研结合的热度。

（4）不同企业的特点和其诉求未在智能制造研究话题上被充分关注。企业作为智能制造的主要投资者和受益者，是执行智能制造的主体，而不同的企业有着不一样的诉求，包括相关评价体系、实施的关键成功因素、成熟度分析方法、对应用技术的适用性要求等。规模以上企业和中小型企业、高度自动化的企业和劳动密集型企业，它们的应用情境各不相同。目前有关智能制造相关的研究话题，多数还是集中在汽车、机床、冶金和化工等重型工业领域，或在规模以上企业背景的应用，而鲜有研究者从中小型企业的角度展开对智能制造的应用研究。

根据以上研究局限性的分析，对比国外提出的智能制造战略及其相关具体定义，归纳科学引文索引（Science Citation Index，SCI）有关智能制造话题高被引文献的观点，以及国际顶级期刊的关注重点，对智能制造的探索趋势展望如下。

（1）以明晰最终实现效果为目的，展开从宏观战略到应用技术之间的中间层研究。

目前对智能制造的研究，从宏观的国家战略到具体应用技术和解决方案之间，还缺乏对智能制造的目标框架的探讨，即讨论具体的标准来界定达成智能制造的愿景。尤其是细分到不同的行业领域，因为各自的特征差别，都值得不同工业领域的专家分别进行探索，并逐步各自形成具有行业适应性的智能制造目标愿景。

（2）在新一代智能制造范式的基础上，探索其内在技术机理。

智能制造的三个基本范式被定义为数字化制造、数字化网络化制造和数字化网络化智能化制造。智能制造涉及智能产品、智能生产及智能服务等多个方面及其优化集成。从技术机理角度来看，这些不同方面尽管存在差异，但本质上是一致的，即"人-信息-物理系统"的融合。随着信息世界和真实的物理世界之间深度融合的前提技术条件日趋成熟，如数字孪生这样的突破性的应用技术框架，将会成为实现CPS乃至智能制造的必要性底层技术框架，值得深入和全面地研究其内在机理。目前国内研究数字孪生的话题局限在产品和工艺的视角，如果能够站在企业全生命周期的角度，考虑规划、生产控制、优化、服务和员工等领域，将会启发更多有价值的新研究方向。

（3）针对流程制造行业的智能制造研究。

流程制造工业在工业生产总值中占有将近一半的比重，但目前的研究比较单薄，输出结果也较少，与这个行业的体量和重要性不对称。因此可以预见，在智能制造政策推动不断加强，并逐步深入各个行业细分领域的大背景下，下一步的研究热点必将覆盖流程行业的空白领域。如果以离散制造已经形成的研究路径图作为预演参照，可以更具体地预测，未来针对流程工业的智能制造研究内容将覆盖中央和地方的扶持政策、行业协会和研究机构推进路线、核心软硬件技术的国产化、典型应用方法的案例实证。

（4）从智能制造应用的角度对中小型企业需求的研究。

近年来中小型企业在数量和产业规模上一直保持快速增长，在国民经济和工业中扮演越来越重要的角色，中小型企业本身灵活，有适应环境转变的意愿，未来将成为智能制造的积极参与者。目前智能制造相关研究，从管理到技术上都偏重规模以上企业，对中小型企业缺乏适用性。中小型企业所需要的是应用门槛低、实现代价小、投资回报明确的智能制造应用方法，这一类方法有待于进一步探索，并进行实证研究。

1.3 数字孪生的起源与发展回顾

数字孪生一词始见于 2011 年美国空军实验室的研究文献,由 Tuegel 等提出,用于预测飞机结构寿命和保证结构完整性,之后数字孪生的概念主要在航空航天领域进行研究,这是从单个航天器为研究对象角度考虑的数字孪生(Glaessgen and Stargel,2012;Tuegel et al.,2011,2013)。数字孪生的研究被推广到工业生产领域,始于 Lee 等在 2013 年开发了一个模拟机器的健康状况的数字孪生的耦合模型,以及 Grieves 博士于 2015 年从产品全生命周期管理(product lifecycle management,PLM)角度提出的产品数字孪生概念,这些都是以单个设备或产品为研究对象考虑的数字孪生(Grieves,2015;Lee et al.,2013)。数字孪生被延伸到对制造系统的研究始于 2016 年,Rosen 和 Boschert 等分别提出数字孪生概念将会影响未来的制造系统,开始从生产系统的各个生命周期,包括设计、工程、运行和维护等环节考虑数字孪生的潜在价值,并指出仿真将会是数字孪生的研究重点,这时候对数字孪生的研究才开始真正地触及生产制造业全生命阶段的管理(Rosen et al.,2015;Boschert and Rosen,2016;Schroeder et al.,2016a,2016b)。

国内外针对数字孪生的大量研究成果涌现始于 2017 年,此时制造业全生命周期各个阶段的管理已经成为主要的研究课题之一。根据目前可检索到的所有数字孪生相关主题的文献,从数字孪生的概念和价值研究发展、数字孪生的体系框架研究发展、数字孪生的建模和方法研究发展、数字孪生的实践和应用技术研究发展四个不同的角度分别梳理如下。

1. 数字孪生的概念和价值研究发展

数字孪生概念始于航空航天领域。"孪生体"(twin)概念的出现,源于美国国家航空航天局(National Aeronautics and Space Administration,NASA)的阿波罗项目。在此项目中有两个完全相同的空间飞行器被制造出来,有一个飞行器被留在地球上,即孪生体。该孪生体既用于飞行准备期间的训练作业,又用于飞行任务期间尽可能真实地镜像模拟太空飞行器的状态,并获取精确数据用于辅助决策(Lee et al.,2013)。Tuegel 等(2011)在美国空军实验室的研究文献中提到数字孪生一词,认为数字孪生是一种典型的高维度空间的复杂系统,提出一种用于预测飞机结构寿命和保证结构完整性的数字孪生概念模型。Glaessgen 和 Stargel(2012)在美国航空航天学会发表的《未来美国航空航天局和美国空军的数字孪生范式》和 Shafto 等（2010）在 NASA 发布的《建模、仿真、信息技术和处理路线图》2010 版和 2012 版中，都提出类似的数字孪生定义：数字孪生是对已建造好的运载工具或系统，整合多物理属性、多维度和多种可能性的仿真模型，采用当前最佳的可用的物理模型、传感器、历史数据等，具有超逼真、融合多系统和高精度的特点，可实现监控、预测和数据挖掘等功能。West 和 Blackburn（2017）通过第二代成本构建模型 COCOMO Ⅱ（cost constructive model Ⅱ）粗略估计为美国空军下一代空中优势飞机 NGAD（next generation air dominance）开发健全的数字线程/数字孪生所需的范围、成本和时间，结论是需要美国做出与研发第一颗原子弹的曼哈顿工程相当的投入。

之后数字孪生研究被推广到工业生产领域。Lee 等（2013）开发了一个耦合模型方案，使真实机器的数字孪生体能够在与实际过程并行的云平台中运行，并结合工业大数据的分析，综合数据驱动的分析算法和其他可用的物理知识来模拟机器的健康状况，以期在机器生命周期的不同阶段更有效地预测和分析生产系统的情况，提高制造管理透明度和降低风险。Grieves（2015）博士发布的《数字孪生白皮书》说明，他在 2003 年密歇根大学讲授产品全生命周期管理课程期间，提出和数字孪生类似的概念，如"与物理产品对等的虚拟数字化"，并说明数字孪生包括 3 个主要部分：①在真实空间中的实体产品；②在虚拟空间中的虚拟产品；③在虚拟产品和物理产品之间存在的数据和信息连接。

西门子公司在 2015 年提出，有了数字孪生，机器制造商可以利用数字化的力量来提高效率和质量，有助于带来更优化的机器设计、更直接的调试、更短的转换时间和更平稳的运行（Simens，2015）。Rosen 等（2015）在研究中进一步提出产品生命周期中的数字孪生概念，他们认为数字孪生代表建模和仿真技术的下一波浪潮。未来的制造系统将会具备智能并能够自治，它们能够在一系列动作、编排、工艺组合的可选方案之中做出决策。为了实现这一目标，自治系统将需要访问现实世界中当前状态的真实模型，以及在现实世界中与它们的环境交互时的自身行为，也就是数字孪生。Boschert 等在 2016 年出版的《机电一体化的未来——对机电系统及其设计者们的挑战和解决方案》第五章中，从仿真的角度对数字孪生进行讨论，认为数字孪生的价值将会体现在生产系统生命周期的各个阶段，包括设计、工程、运行和维护。因此，数字孪生在机电一体化系统中应该是模块化的，以适应不同阶段的需要及在不同阶段之间前后传承价值（Boschert and Rosen，2016）。

Vachálek 等（2017）在斯洛伐克理工大学和西门子公司的支持下，从增强型生产和规划战略的角度进一步解释数字孪生的概念，从而进一步推进工业 4.0 理念。Uhlemann 等（2017b）通过基于学习型的数字孪生的概念，展示了实时数据采集和随后的基于仿真的数据处理所带来的潜力和优势。Negri 等（2017）对数字孪生概念的定义进行回顾综述，并进一步拓展到工业 4.0 和智能制造新领域的研究中，提出欧洲 H2020 MAYA 项目从工业 4.0 角度对制造业数字孪生的重新定义。

Macchi 等（2018）探索数字孪生在支持资产全生命周期管理决策方面的作用。Botkina 等（2018）研究作为刀具数字镜像的数字孪生，包括其数据格式和结构、信息流和数据管理，以及数字孪生应用于生产率分析的可能性。Qi 和 Tao（2018）讨论大数据和数字孪生技术在制造业的应用价值，并认为大数据和数字孪生可以相互补充、相互集成以促进智能制造。Haag 和 Anderl（2018）提出数字孪生体是对单个产品的全面数字表示，它将在完全数字化的产品生命周期中发挥不可或缺的作用。

Tao 等（2019b）回顾数字孪生研究的现状、数字孪生的主要组成部分、数字孪生的当前发展及工业中的主要数字孪生应用，并概述当前的挑战和今后工作的一些可能方向。陈骞（2019）研究了国外数字孪生进展与实践，认为数字孪生面向产品全生命周期过程发挥连接物理世界和信息世界的桥梁与纽带作用，能够提供更加实时、高效和智能的服务，实现物理世界与信息世界的交互与共融。Lu 等（2019）认为数字孪生研究和应用，应当从过去只关注产品全生命周期的 PLM_a 视角，拓展到关注工厂全生命周期的 PLM_b 视角，并进一步提出智能数字孪生工厂的概念。

2. 数字孪生的体系框架研究发展

数字孪生框架研究始见于 2016 年 Kraft 等为美国空军提出数字孪生分析框架，以提供工程分析能力，并支持航空飞行器整个生命周期的决策。数字孪生基于物理的建模和实验数据合并，通过系统在武器系统的装备和运维的每个阶段生成一种权威的数字化表达（Kraft，2016）。

2017 年是数字孪生研究的里程碑年份，国内外数字孪生的研究大量涌现，而且其中体系框架方面的成果非常丰富。国内文献有陶飞等在 2017 年提出数字孪生车间（digital twin shopfloor，DTS）技术，以提供一种新途径来解决实现智能制造的瓶颈，文献中认为数字孪生车间由物理车间、虚拟车间、车间服务系统和车间孪生数据四部分组成，从生产要素管理、生产活动计划和生产过程控制三个方面阐述数字孪生车间的运行机制（陶飞等，2017a）。庄存波等（2017）的研究认为，随着产品制造过程和产品服务过程的数据管理问题日益凸显，数字孪生体有助于解决产品全生命周期中多源异构动态数据的有效融合与管理的问题，提出面向产品制造过程的数字孪生体实施框架。国外文献有 Beate 等于 2017 年指出，对数字孪生来说，至关重要的是能够不断地向所有子系统提供最新的全部所需信息、方法和算法，因此处理系统、场景实时模拟和数字车间的管理输出是其组合要素

（Brenner and Hummel，2017）。Tao 等探讨数字孪生车间的概念及其四个关键组件，包括实体车间、虚拟车间、车间服务系统和车间数字孪生数据（Tao and Zhang，2017），并进一步研究数字孪生驱动的产品设计、制造和服务的详细应用方法和框架，提出一种新的产品设计、制造和服务方法（Tao et al.，2018b）。Bohlin 等（2018）阐述了一种数字孪生的通用框架，以实现智能装配 4.0 所必需的基础设施、组件和数据流。

Qi 等（2018）通过阐述制造商如何以服务的形式使用数字孪生的各种组件，说明制造业服务情境下数字孪生的框架。陶飞等（2018）分析数字孪生在企业应用和理论研究上的进展，基于数字孪生的五维结构模型进一步提出数字孪生驱动的六条应用准则，探索数字孪生驱动的十四类应用设想与实施过程中所需突破的关键问题与技术。刘大同等（2018）分析数字孪生与其支撑的工业大数据、云计算、人工智能和虚拟现实等的相互支撑和相互促进的关系。Kunath 和 Winkle（2018）讨论了一个基于制造系统数字孪生模型的订单管理过程决策支持系统的概念框架及其潜在的应用。Malik 和 Bilberg（2018）提出一个支持人机协同设计、构建控制的数字孪生框架。Tao 等（2018b）提出并分析数字孪生驱动产品设计（digital twin-driven product design，DTPD）的框架，并给出一种基于数字孪生途径的产品设计新方法。肖静华等（2019）基于数字孪生系统提出并探讨基于智能制造的企业战略场景的建模概念、方法思想和理论框架。

3. 数字孪生的建模和方法研究发展

数字孪生的建模研究始见于 2013 年，Lee 等（2013）开发了一个耦合模型方案，使真实机器的数字孪生体能够结合工业大数据的分析，模拟机器的健康状况，以有效地预测和分析生产系统的情况，提高制造管理透明度和降低风险。Cerrone 等（2014）设计了一种基于数字孪生产生制造试样的有限元模型方法，用于在个性化的结构系统设计中评估和认证将要被制造零件的几何形状，并随后进行分析以解决裂纹路径不确定的问题。Schroeder 等（2016b）提出使用 AutomationML（automation machine learning）方法对与数字孪生相关的属性进行建模，并用一个工业组件被建模和模拟的案例证明方法的有效性。

2017 年作为数字孪生研究开始涌现的里程碑年份，国内外针对数字孪生建模和方法的研究成果也非常丰富。于勇等（2017）提出，数字孪生是产品定义模型技术的深入发展和应用，其根源在于企业在实施基于模型的系统工程过程中，产生大量的基于物理的、数学的模型。数字孪生的核心问题是如何定义包含产品研制全过程的全要素产品模型，如何为研制全过程提供数据准备或者反馈，从而实现“基于模型驱动”的产品研制模式。Alam 和 Saddik（2017）提出基于云的 CPS，即 C2PS（cloud based CPS）的数字孪生结构参考模型，并使用贝叶斯置信网络设计 C2PS 智能交互控制器，以便系统动态地考虑当前的情境。Uhlemann 等（2017a）提出一种实用的多模态数据采集方法，以及在中小型企业生产系统中通过数据库构成的概念实施数字孪生的指导方针，使得数据采集和创建数字孪生之间的延迟最小。Banerjee 等（2017）通过引入语义查询机制，介绍将知识形式化为来自工业生产线传感器的数字孪生模型的简单方法，从而从大规模生产线数据中提取和推断知识。Li 等（2017）使用动态贝叶斯网络（dynamic Bayesian networks，DBN）的概念建立用于监测的数字孪生模型，用于诊断和预测每个独立飞机的健康状态，并通过飞机机翼疲劳裂纹扩展实例进行验证。Söderberg 等（2017）指出保证数字孪生几何外形所需的功能和数据模型，以及数字孪生如何支持从大规模生产到个性化生产。Um 等（2017）提出利用通用数据模型构建数字孪生，实现支持模块化、多供应商装配线中的仿真概念验证。Schleich 等（2017）提出一种基于表面模型形状概念的综合参考模型作为设计和制造中物理产品的数字孪生体，并讨论模型的概念化、表示、实现及产品生命周期中的应用。

　　2018 年针对数字孪生的建模和方法研究继续发展。Vrabič 等（2018）提出将数字孪生体的部分模型通过相互关系的定义，共享共同的模型空间，从而更好地构建数字孪生体与实物之间的桥梁。Talkhestan 等（2018）提出一种基于全生命周期管理模型集成的数字孪生工程的概念，以及一种系统检测数字模型与物理系统之间机电一体化数据结构变化的锚点方法。Guo 等（2018）针对设计阶段变更频繁的问题，提出一种模块化设计方法，用柔性数字孪生体的构建来应对变化。Martínez 等（2018）采用自动生成模型的方法和全生命周期的在线仿真集成实现方法，减少实现基于仿真的数字孪生需要付出的工作代价。Lohtander 等（2018a，2018b）在微制造单元（micro manufacturing unit，MMU）的环境研究如何从零开始构建数字孪生体，以及需要什么样的信息来描述微制造单元的数字模型的现实行为，并介绍如何利用生产过程开发中常用的工程工具，建立仿真模型的基本逻辑和软件逻辑。Scaglioni 和 Ferretti（2018）基于有限元法，对运动结构构件的结构柔性进行描述，建立数控机床的工作过程数字孪生的基本组成部分，以及切削过程模型、传动链模型和控制系统模型。Miller 等（2018）基于数字孪生需要现实世界产品的虚拟复制品的概念，提出一个具有互联水平的复杂模型网络。Liu 等（2019）提出一种数字孪生驱动方法，用于为自动流水车间制造系统生成快速、个性化的设计。

　　Negri 等（2019）将语义数据模型以数字孪生模式在生产系统模拟中使用，并提出将生产系统的具体方面和行为与核心仿真分开建模，以便灵活决定是否仅在需要时才激活具体行为的副本。Min 等（2019）提出基于工业大数据和机器学习的方法，为流程工业的生产控制优化构建数字孪生模型，并在石化工业中验证方法的有效性。

4. 数字孪生的实践和应用技术研究发展

数字孪生的应用目的是为物理实体创建数字化的虚拟模型，通过建模和仿真分析来模拟和反映真实物理世界的状态和行为，并通过反馈预测控制它们未来的状态和行为。数字孪生的模型是一种交互和记录的机制，帮助人们去解释客观物理世界机器或系统的行为，并根据实时数据、历史数据、经验和知识及来自模型的数据，预测机器或系统的未来状态。准确的数据和模型是构建有效数字孪生的核心要素。在制造工业中，物理世界的生产线从概念设计阶段开始，会不断地产生各种数据，并被使用和存储。伴随着工厂投入运行，生产设备、人员和产品所对应的状态、行为和属性都开始不断地变化，海量的数据将开始源源不断地生成。数字孪生集成了制造工厂全生命周期的所有元素、业务和流程的数据，并不断地更新同步以确保一致性（Schroeder et al.，2016a；Wang and Haghighi，2016；Hochhalter et al.，2014）。数字孪生的虚拟模型集成了几何、结构、材料特性、规则和过程等不同维度的数据，并使生产系统和过程的数字化与可视化成为可能（Tao and Zhang，2017）。结合数据分析，数字孪生使制造企业能够做出更准确的预测、合理的决策和对生产过程的实时动态监控（陶飞等，2017b）。在虚拟模型和真实的物理对象不断交互、迭代进化的过程中，数字孪生模型也将会在信息世界自主产生虚拟数据，模拟现实环境中尚未发生的行为，以验证优化的可行性，或者预判潜在风险的可能性。

在生产制造工业构建数字孪生的方法与实践中，IIoT、数字工厂技术、仿真技术、大数据分析技术、机器学习技术和云计算技术等各种新型信息技术，都是其构建过程的核心元素。IIoT 为实时采集数据和实施控制生产过程提供了可能性（Wan et al.，2011；Canedo，2016）。数字工厂技术为工业生产中的制造资源赋予大量的工程类属性和工艺参数数据（尚吉永和卢阳光，2019；卢阳光等，2019b，2019c）。仿真技术包括宏观的生产经营过程和微观的生产控制过程，仿真可以真实地映射工厂经营的价值流，也可以将生产各阶段解耦合与分段模拟和再现，并用具象化的表现形式帮助管理者进行分析。大数据分析技术可以有效地挖掘隐藏的有用信息和知识，从而提高数字孪生的智能化，更好地满足生产制造环境中对准确化和动态化的诉求（程颖等，2018）。机器学习技术使整个数字孪生系统智能化，使其模拟出来的行为能够更进一步地像"人的行为"。云计算技术可以有效地满足数据计算和存储的需要，在数字孪生中集成云计算技术，可保证存储、计算和通信的可扩展性，集成了云计算技术的数字孪生可以打开以前无法实现的应用程序普适化的场景，以满足工业 4.0 的要求（Shu et al.，2015）。例如，通用电气公司、西门子公司和特斯拉公司等制造型的企业已经开始尝试通过以上新型信息技术来丰富其数字孪生的实践（Schleich et al.，2017）。

　　针对数字孪生的应用技术研究，相对而言较晚于其概念研究、体系框架研究和模型与方法研究，但从 2017 年开始随着对数字孪生领域研究的爆发，各种数字孪生的应用技术研究成果开始大量出现。Grieves 和 Vickers（2017）对数字孪生的具体应用，如对减轻复杂系统中不可预测的不良突发行为做了研究。陶飞等（2017b）从物理融合、模型融合、数据融合和服务融合四个维度，系统地探讨了实现数字孪生车间信息物理融合的基础理论与关键技术，为企业实践数字孪生车间提供了参考。Knapp 等（2017）建立并严格验证增材制造过程中的数字孪生技术，为影响组件结构和性质的冶金参数的空间和时间变化提供准确预测，使扩展的增材制造知识库为所有科学家和工程师提供实用的方法。Cai 等（2017）讨论了利用传感器捕捉机器特征的技术，并提出数据和信息融合的分析技术，用于数字孪生虚拟机床的建模和开发。Iglesias 等（2017）提出通过数字孪生技术增强现有系统的传统工程分析工作流，在准备、调试和操作阶段，使用经过验证的数值模型、操作经验和实验数据库对组件进行虚拟测试。

　　2018 年数字孪生的应用技术研究较前一年涌现了更多的研究成果。Qi 和 Tao（2018）讨论了大数据和数字孪生技术在制造业中的应用，包括它们的概念及其在产品设计、生产计划、制造和预测维护中的应用，并认为大数据和数字孪生可以相互补充，因此将它们集成起来可以促进智能制造。Rabah 等（2018）开发了一个数字孪生和增强现实结合的工业解决方案，作为预测性维护框架的一部分。Liu 等（2018）对信息物理机床（cyber-physical machine tools，CPMT）的核心——机床信息孪生（machine tool cyber twin，MTCT）的开发方法进行详细的研究和讨论，并通过开发原型证明 CPMT 具有很好的互操作性、连通性和可扩展性。Graessler 和 Poehler（2018）开发了一种适用于员工的数字孪生装置，并将之用于装配站工作。Padovano 等（2018）设计并开发了一种基于将数字孪生作为服务提供商的应用程序，使操作员能够面对高度动态的车间，在物理系统上拥有虚拟的眼睛和手。Moussa 等（2018）提出一种基于大型水轮发电机有限元仿真器的数字孪生概念，用于大型水轮发电机设计、研究、监测和执行测试，并分析正常运行和能力曲线的边缘。Coronado 等（2018）介绍了一种基于 Android 设备和云计算工具的新型制造执行系统（manufacturing execution system，MES）的开发与实现，该系统将机器工具数据与操作员生产数据相结合，从而构建车间数字孪生，用于生产控制和优化。因为它成本低易于实现，所以特别适合小型制造企业。Tao 等（2018d）将数字孪生应用于故障预测与健康管理（prognostics health management，PHM），提高 PHM 的精度和效率，并通过某风力发电机的实例验证了其有效性。

　　Armendia 等（2019）介绍了欧洲 Twin-Control 项目所取得的发展、研究成果和工业应用。该项目开发不同的仿真模型实现机床的数字孪生，并在几个工业和研究环境案例中定义，实现对基础设施的数据监控和管理。陶飞等（2019）基于数字孪生五维模型，重点探讨数字孪生在卫星/空间通信网络、船舶、车辆、发电厂、飞机、复杂机电装备、立体仓库、医疗、制造车间和智慧城市 10 个领域的应用思路与方案。李欣等（2019）简述数字孪生技术在智能制造产品生命周期、生产生命周期的应用，并总结分析其在智慧城市建设方面的主要应用特点。Lu 等（2019）提出一种结合 IIoT 的轻量级仿真技术（称为 EVA 仿真），用其在制造业的规划阶段构建数字孪生实践环，并为再制造工业规划等应用情景提供具体的解决方案。

1.4　数字孪生的发展现状

在物理和信息世界之间构建数字孪生的理论，对于提升生产仿真和控制技术有着重要的意义。此外，在生产控制过程中提供基于新技术的应用方法，如结合了仿真、机器学习和物联网技术的方法，在生产制造的控制领域是值得探索的理论和实践方向（Esposito et al.，2017；D.F. Li et al.，2015）。然而，与制造业对数字孪生构建理论和应用方法的迫切需求相比，关于数字孪生理论与应用方法的学术研究仍处于探索阶段。实体空间与虚拟空间之间缺乏融合，工厂生命周期中的数据是孤立、分散和静态的，不能在制造行业的全生命周期各环节发挥应有的作用。这些问题导致制造业工厂的管理在效率、智能化和可持续性方面水平仍然比较低，体现在规划、生产控制和流程再造等各个阶段。

制造型企业未来的发展方向，是通过高度自动化、数字化、可视化、建模和集成实现生产控制优化（D.F. Li et al.，2015）。许多研究已经讨论针对特定制造行业情境下的智能化问题（Alidi，1996；Wu and Bai，2005；Pach et al.，2014）。通过基于数字孪生的框架，工厂可以更准确、灵活地控制生产过程，以响应市场需求的变化。数字孪生还可以帮助降低低效生产的成本，提高企业的经济效益和可持续发展能力。但是，过去大部分研究工作的注意力都集中在实体产品生命周期管理上。目前，随着新一代信息技术在工业和制造业中的应用，如基于物联网的数字孪生，实体产品和虚拟空间的融合已经加快（Esposito et al.，2018）。生产制造工业需要贯穿工厂全生命周期的数字孪生，由物理工厂、数字工厂模型，以及将实体和虚拟模型连接在一起的数据闭环构成。

1.4.1　数字孪生规划方法

仿真是工业规划的常用方法，但是由于准备时间长、人工成本投入高、使用资质要求高和实施周期长，中小企业仍难以采用（Nariman et al.，2017），现代制造业需要一种快速灵活的方法来辅助规划工作中的效率分析工作。de França 和 Travassos（2016）为不同的仿真模型提出评估指南，并且指出多数仿真方法存在很多阻碍实施的限制条件。Zhou 等（2014）基于案例推理（case-based reasoning，CBR）设计敏捷的工艺规划方法，但仍不能有效应对快速变化的环境。Zhou 等（2016）开发了集成仿真与可视化的方法，但对于流程与节拍问题仍未提供充分的解决方法。

为解决工艺规划仿真的难点，近年来学者们进行了大量的研究工作，并提出了许多技术解决方案。Zhao 等（2014）提出一种基于模糊推理 Petri 网的决策模型。Li 等（2011）提出一种基于图形评价和评审技术（graphical eval uation and review technique，GERT）的制造工艺规划分析方法。Cao 等（2010）建立了基于制造系统工程理论的决策框架模型。Mahapatra 等提出一种模型可通过再制造的产品和新制造的产品来满足固定的需求（Cao et al.，2010）。Sung 和 Jeong（2014）建立数学模型确定了拆卸作业的顺序和数量，以提高制造环境下的规划效率。L.L. Li 等（2015）提出一种工艺容量可变、加工单元不等的布局优化方法，以解决对规划设计的高不确定性挑战。然而，在制造背景下的工艺设计问题上，缺乏基于工厂实践的研究，以及验证的方法和工具，无法有效解决回收产品的质量和成分差异较复杂情况下的再制造工艺过程设计的问题。

近年来，数字孪生作为基于 CPS 的仿真应用技术框架，越来越受到规划工作从业者和研究者的关注。Schleich 等（2017）提出构造面向设计和生产工程的数字孪生。Uhlemann 等（2017b）基于学习型的数字孪生展示了实时数据采集和随后的基于仿真的数据处理所带来的潜力和优势。Macchi 等（2018）探索了数字孪生在支持资产全生命周期管理决策方面的作用，Tao 等（2018b）、Miller 等（2018）、Liu 等（2019）分别提出基于数字孪生的生产设计框架，以及数字孪生驱动的自动化车间制造系统的设计方法。

1.4.2　数字孪生生产控制方法

在现代制造业高复杂程度和高实时性要求的生产环境下，如何结合机器学习和物联网技术，构建面向生产控制的内在运行虚拟模型，从而为控制优化提供持续改进的循环迭代机制，从理论到实践都有着重要的意义。在过去的研究中，机器学习和大数据在制造业生产控制中的实用价值已经被概述、论证和强调（Santos et al.，2017；Lim et al.，2018；Mamonov and Triantoro，2018）。Carbonell 等多位学者过去的许多理论和应用研究证明，基于大数据的机器学习方法，包括数据挖掘、模式识别和人工神经网络的应用，在制造业有广阔的应用前景（Carbonell et al., 1983；Kateris et al., 2014；Köksal et al., 2011；Wen et al., 2012；Zhang, 2004）。然而，关于机器学习模型在工业中的实际应用和方法，特别是基于大数据的机器学习应用方法和物联网技术的结合研究还不多见。

在许多现有研究中已经概述、证明并强调机器学习和大数据对生产控制的实用价值。Hatziargyriou（2001）总结了机器学习在电力系统中的应用。Monostori（2003）引入混合人工智能和多策略机器学习方法来管理制造中的复杂性、变化性和不确定性。Pham 等（2004）提出数据挖掘和机器学习技术在冶金工业中的应用。Tellaeche 和 Arana（2013）分析了用于塑料成型行业质量控制的机器学习算法。Rana 等（2015）讨论了在工业中影响机器学习算法采用或接受决策空间的因素。Bilal 等（2016）讨论了建筑业采用大数据的现状和未来的潜力。Zhang 等（2017）提出利用大数据分析改进产品生产决策。Wu 等（2017）使用大数据来探索供应链风险。Tao 等（2018c）讨论了大数据在支持智能制造中的作用。虽然各种制造行业已经有一些理论和实践探索，但在生产控制环节实施机器学习技术的研究，仍然有很大的探索空间。虽然过去已有相关研究成果，但是基于大数据和机器学习的应用在生产控制中一直面临现实的困难，由于问题组合的复杂性和问题规模的宏大性，现有的基于数学规划的工业短期调度方法实际上并不实用，故基于数字孪生设计一种"启发式+仿真+枚举"的方法，可能是可行的方向。

1.4.3　数字孪生流程再造方法

大量的理论和实证工作证明了基于仿真的精益方法，在生产流程再造和优化中的重要意义。van der Aalst 和 van Dongen（2002）提出一种基于时间戳日志的工作流模型进行工作流重构的技术。Li 等（2004）提出一种基于工作流模型和 Petri 网的多维工作流网，用于工作流性能建模和分析。Sandanayake 和 Oduoza（2009）建立了基于多元线性回归模型的实时生产模型，并利用计算机仿真对精益生产的有效性进行评价。Heravi 和 Firoozi（2017）利用离散事件模拟对生产线的生产率进行研究，并采用精益原理成功地应用于工业化和预制施工中。

精益方法分析适用于制造计划背景下的全过程优化。然而制造业中小企业在实施精益制造的过程中，受其规模、财务、员工素质、信息和自动化水平等因素的制约。许多精益生产的研究集中在各种具体工具和方法的应用上，如 VSM 等方法，并讨论其局限性。Man 等（2002）、Nooteboom（1994）、Taj（2008）的研究都指出，制造业中小企业需要一种灵活而有效的生产分析和优化方法，而不需要太高的技术要求、太大的投资或太长的实施期限。然而，目前基于实际仿真方法的 VSM 分析研究，尤其是在制造业中小企业背景下的研究尚不多见。Gurumurthy 和 Kodali（2011）基于已有的精益方法存在的缺点，从精益生产的角度设计精益制造系统，结合仿真技术和 VSM 显著改进车间的生产绩效。然而，该研究并未解决在实践中可能会聚焦局部精益的问题，且未阐明市场动态变化的情形，对于临时项目的规划并未提出合理的方式。Mcdonald 等（2002）提出，在生产改进分析工作中使用仿真软件有助于解决 VSM 静态视角的局限性，并将其运用在按订单控制产品制造工厂中的专用产品线中，可以提高解决方案的质量和效率。但是，该研究提到的方法依赖一些具体的概念，如工艺改进和 5S［5S 现场管理法，是一种现代企业管理模式，即整理（seiri）、整顿（seiton）、清扫（seiso）、清洁（seiketsu）、素养（shitsuke）］等，需要实施人员有比较系统的理论素养。

过去精益方法研究的局限性包括：①建模和仿真的执行周期较长，仿真多用于事后分析。②VSM 等精益方法无法灵活地验证各种可能出现的市场变化的情况，也不利于生产单位基于分析结果做进一步的改造决策。③多数围绕着汽车产业或者钢铁产业等大型制造业，中小型制造企业，或者使用人力比率较高的手工业，则少见实践案例。结合数字孪生的精益方法研究，有望给传统精益方法的精确度和可行性带来改进。

1.5　本书探索的问题

针对目前存在的数字孪生研究缺口，本书提出面向工厂全生命周期的数字孪生构造框架，其核心是数字孪生实践环，并进一步分别提出基于数字孪生的规划阶段、生产控制阶段和流程再造阶段的构建理论和应用方法。

规划数字孪生的研究提供概念设计阶段的信息世界和物理实体的简洁映射模型。通过 EVA 仿真模型和物联网技术构建数字孪生，快速地对生产线的实际情况和规划方案进行分析，并提供关键指标的输出，以供企业进行高效的规划，快速做出决策。

生产控制数字孪生的研究为生产控制设计了可动态进化的数字孪生模型，根据实时的工业大数据，不断对模型迭代演变以适应环境的变化。同时讨论该阶段数字孪生的构成要素和体系结构、建模方法的基本步骤和关键评估指标。该方法消除了对专家经验和知识的依赖，并避免单次机器学习结果的偏差对未来生产控制带来持续性的影响，可以有效提高生产过程的经济效益。

流程再造数字孪生的研究实现数字孪生建模与传统精益管理方法有效的集

成，基于仿真方法和物联网构建的生产流程数字孪生，可以与传统精益方法共同作用于工厂的生产流程优化。

　　本书将探索数字孪生在制造业工厂全生命周期主要阶段的构建理论和应用方法，包括在规划、生产控制和流程再造三个阶段提供基于数字孪生的具体框架、模型、步骤和构成要素，以及在不同的工业情境下分别对数字孪生构建理论和应用方法进行实例验证，以讨论其实际价值和适用性。

第2章 生产制造情境下的数字孪生方法框架

2.1 制造体系中与数字孪生相关的关键概念

近年来，数字孪生作为基于 CPS 的仿真应用技术框架，越来越受到规划工作从业者和研究者的关注。Schleich 等（2017）提出一个贯穿产品全生命周期的综合参考模型，以构造面向设计和生产工程的数字孪生。Tao 等（2018b）、Miller 等（2018）分别提出的基于数字孪生的生产设计框架，以及 Liu 等（2019）提出的基于数字孪生驱动的自动化车间制造系统的快速个性化设计方法，指明了此问题潜在的解决方向。

从上述研究评述可以发现，为应对制造业工厂的临时性改造项目或者中小型企业的规划需求，需要研究快捷有效的仿真手段，对工艺流程与节拍问题提供有效的解决方法，从而以比较低的仿真代价来满足规划需求。数字孪生在工厂规划设计阶段和流程再造阶段，为符合当前实际情境的模拟分析提供一种便捷有效的可能性。如何结合轻量级的仿真和低成本的物联网技术，为不同的制造业提供一种低成本、低技术门槛，且快捷有效的数字孪生框架模型，用于工厂规划阶段，是有广泛应用前景的研究课题。

在针对不同生产阶段展开研究之前，根据已有的研究成果归纳在生产制造情境下的数字孪生方法框架。数字孪生是对 CPS 概念的具体化应用技术，继承传统数字工厂中对客观物理对象数字化、可视化、模型化和逻辑化的理念，同时又赋予 CPS 概念中的计算进程和物理进程一体化融合的特征，通过环境感知+物理设备联网，将资源、信息、物体及人紧密联系在一起。

在第四次工业革命背景下，数字孪生对制造业工厂带来的核心价值在于，通过新一代信息技术和制造技术驱动，整合多属性、多维度和多应用可能性的仿真技术，实现对工厂物理实体对象的特征、行为、形成过程和性能等的描述和建模，从而进一步实现智能化的数字孪生，或者数字化映射。数字孪生概念继承数字工厂的技术发展路线，为制造业实现 CPS 概念提供一种具体的应用技术框架，对于"工业 4.0""中国制造 2025"等以 CPS 为核心的制造业战略的实现有着指向性意义。然而数字孪生作为新生的概念，和 CPS、仿真等概念存在一定的交叉或边界模糊的地方，因此，对制造体系中与数字孪生相关的关键概念做如下辨析。

2.1.1　CPS

随着物联网等新一代信息技术在制造业中的应用，真实世界和虚拟空间正在加速融合，而 CPS 是推进和支撑这种融合的核心概念（Tao and Zhang，2017；Qu et al.，2015；Bortolini et al.，2018）。CPS 的概念起源于嵌入式系统的广泛应用，可追溯到 2006 年。CPS 这个短语，是由美国国家科学基金会（National Science Foundation，united States，NSF）的 Gill 首次提出的，用来描述当时已经越来越复杂的，无法用传统的 IT 术语进行有效说明的系统（Tao and Zhang，2017；Qu et al.，2015）。2006~2007 年美国先后发布《美国竞争力计划》和《挑战下的领先——竞争世界中的信息技术研发》，CPS 随后被列为美国研究投资的首要问题（Tao et al.，2019a）。2010 年德国政府发布《德国 2020 高技术战略》，随后在汉诺威工业博览会上提出"工业 4.0"概念，并展出"工业 4.0"样板，都将 CPS 作为其核心概念的组成部分（Wang et al.，2016）。

CPS 概念发展到今天，已经被成熟地描述为集成网络世界和动态物理世界的多维和复杂系统，通过被称为 3Cs 的计算（computing）、通信（communication）和控制（control）的集成和协作，CPS 在制造业领域可以提供实时感知、信息反馈、动态控制和其他服务。CPS 构建在密集的连接和反馈回路上，所以其物理进程和计算进程之间是高度相互依赖的，并且在此基础上，CPS 实现了信息世界和物理世界的集成与实时交互，以便以可靠、安全、协作、稳健和高效的方式监控物理实体。CPS 通过赋予物理进程精确控制、远程协作和自主管理等功能，提升制造型企业的控制水平、管理能力和经济效益（Lee，2008，2015）。

CPS 与物理世界的过程紧密耦合，其智能的基础是源于物理世界的数据。物联网是实现 CPS 的主要支持技术之一。为了进行数据双向传递和交换，IIoT 包含的传感器和控制器等通信设备，构成物理世界与信息世界交互的基础，这也是 CPS 的重要特点。IIoT 为实时通信和数据交换提供支撑，物理进程中的变化会导致信息世界的变化，反之亦然。信息世界对物理世界的数据进行管理、处理和分析，根据预定义的规则和控件的语义规范生成控制命令。信息世界将结果反馈给执行单元，执行单元根据控制命令执行操作，以对物理世界的变化做出响应。

网络和物理世界之间的新同步机制和方法，以及新的材料技术和新芯片技术，为 CPS 的实现提供经济可行的解决方案（Huang et al.，2008；Qu et al.，2017；Kuo and Szeto，2018）。过去，许多相关研究已经提供具体的物联网技术利用方法。Wang 等（2012）的研究表明，射频识别技术（radio frequency identification，RFID）能够提供自动和准确的对象数据捕获功能，因此可以实现车间执行过程的实时可见性和可控性。Zhong 等（2013）提出一种支持 RFID 的实时高级生产计划和调度框架，使用 RFID 技术为协调生产计划、调度、执行和控制中涉及的各方决策和操作提供基础。Lin 等（2017）介绍了在汽车标准件工厂物联网的实时同步方法。Qu 等（2017）研究典型的生产物流执行过程，并设计具有成本效益的物联网解决方案，提出一种定量的物联网系统分析方法。也有研究认为，与嵌入式系统、物联网、传感器和其他技术相比，CPS 更基础，因为它们不直接引用实现方法或特定应用程序。因此，CPS 更适合定义为一个科学类别，而不是一个工程类别，美国国家科学基金会的声明也说明 CPS 的研究目的是寻求新的科学基础（Monostori et al.，2016）。

CPS 无疑能够带来巨大的经济效益，并将从根本上改变现有的制造工业运作模式。然而，目前对 CPS 的研究主要集中在概念、体系结构、技术和挑战的讨论上（Liu and Xu，2017），而 CPS 在生产制造业的实践应用还处于起步阶段（Lee，2015）。其关键的限制因素在于缺乏能够将 CPS 具体落地的方法框架，而数字孪生作为能够将 CPS 概念实现的突破性应用技术框架，得到了工业界研究人员和从业人员的广泛关注。数字孪生和 CPS 具有相同的基本概念，即在物理世界和信息世界之间有高密度和高实时性的连接，并通过实时交互、组织集成和深度协作来为真实世界的生产、经营和管理带来价值。

2.1.2　数字孪生和 CPS 的关联与区别

数字孪生是与 CPS 高度相关的概念。数字孪生在信息世界中创建物理世界的高度仿真的虚拟模型，以模拟物理世界中发生的行为，并向物理世界提供反馈模拟结果或控制信号（Grieves，2015）。数字孪生这种双向动态映射过程与 CPS 的核心概念非常相似。

从功能上来看，数字孪生和 CPS 在制造业的应用目的一致，都是为了使企业能够更快、更准确地预测和检测现实工厂的问题，优化制造过程，并生产更好的产品（Tao et al.，2019a）。CPS 被定义为计算过程和物理过程的集成（La and

Kim，2010），而数字孪生则要更多地考虑使用物理系统的数字模型进行模拟分析，执行实时优化（Söderberg et al.，2017）。在制造业的情景中，CPS 和数字孪生都包括两个部分：物理世界部分和信息世界部分，真实的生产制造活动是由物理世界来执行的，而智能化的数据管理、分析和计算，则是由虚拟信息世界中各种应用程序和服务来完成的（Monostori et al.，2016）。物理世界感知和收集数据，并执行来自信息世界的决策指令，而信息世界分析和处理数据，并做出预测和决定（Liang et al.，2012）。物理世界和信息世界之间无处不在的密集 IIoT 连接，实现了二者之间的相互影响和迭代演进，而丰富的服务和应用程序功能，则让制造业的人员参与二者的交互影响与控制过程，从而提升企业的控制能力与经济效益。

从时间上来看，数字孪生概念的起源比 CPS 晚。CPS 概念起源于 2006 年，并在之后作为美国与德国的智能制造国家战略核心概念而备受关注。根据有据可查的文献，数字孪生最早是 2011 年由 NASA 和美国空军提出的，2014 年因为产品全生命周期管理的研究逐步在制造业得到关注，并经过两年的发展后迅速成为热点。国内外大量的数字孪生理论研究成果开始发表是在 2017 年。

从架构上来看，数字孪生和 CPS 都包括物理世界、信息世界，以及二者之间的数据交互，然而二者具体比较，则有各自的侧重点。CPS 强调计算、通信和控制的 3C 功能，传感器和控制器是 CPS 的核心组成部分，CPS 面向的是 IIoT 基础下信息与物理世界融合的多对多连接关系。数字孪生更多地关注虚拟模型，虚拟模型在数字孪生中扮演着重要的角色，数字孪生根据模型的输入和输出，解释和预测物理世界的行为，强调虚拟模型和现实对象一对一的映射关系。相比之下，CPS 更像是一个基础理论框架，而数字孪生则更像是对 CPS 的工程实践。

2.1.3　数字孪生和仿真的关联与区别

仿真技术是实现数字孪生的主要组成要素之一。在工厂规划与流程再造工作中，仿真分析是常用的技术手段，为改善制造型企业的生产效率和提升绩效，相关学者已经提出很多仿真方法，如数字仿真、蒙特卡罗仿真模拟，以及基于精益系统的仿真。可用来执行生产系统的仿真软件，如 Quest、FlexSim，以及支持整体解决方案的 DELMIA（digital enterprise lean manufacturing interactive application）和西门子公司的 Tecnomatix 都已有成熟的应用方法。数字孪生方法在虚拟向现实提供回馈的环节，决策或者建议信息的依据，就是通过对虚拟镜像的仿真模拟找到最优解。

　　数字孪生方法与传统仿真方法的主要区别在于，数字孪生的方法要求实现实体的物理工厂和虚拟的数字工厂之间不断的循环迭代，因此，数字孪生需要用到的仿真是高频次、不断迭代演进的，而且伴随工厂的全生命周期。传统仿真方法投入人力多、对人员素质要求高、耗时较长等原因导致中小型企业无法承担成本，或因为实施周期长，不能满足市场变化节奏而不被采纳（Sanchez and Mahoney，1996；Jahangirian et al.，2010；Kasperczyk et al.，2012）。现代制造工业面临着快速变化的市场环境和企业不断升级、转型、调整产能和生产方式的需要，因此需要一种敏捷的仿真来实现数字孪生。

　　已有的研究成果表明，传统的仿真方法在工业规划类项目上的实施，存在便利性和灵活性限制。Gurumurthy 和 Kodali（2011）基于已有的精益方法存在的缺点，从精益生产的角度设计精益制造系统，结合仿真技术和 VSM 显著改进车间的生产绩效。然而，该研究并未解决在实践中可能会聚焦局部精益的问题，且未阐明市场动态变化的情形，对临时项目的规划并未提出合理的方式。Mcdonald 等（2002）提出，在生产改进分析工作中使用仿真软件有助于解决 VSM 静态视角的局限性，并将其运用在按订单控制产品制造工厂中的专用产品线中，提高解决方案的质量和效率。但是，该研究提到的方法依赖一些具体的概念，如工艺改进和 5S 等，需要实施人员有比较系统的理论素养。de França 和 Travassos（2016）为不同的仿真模型提出评估指南，集中研究动态仿真模型的实验，并且指出多数仿真方法存在很多阻碍实施的限制条件。

　　Zhou 等（2014）在案例推理的基础上设计了一种敏捷的工艺规划方法，有助于再制造生产线的规划人员能够快速地检索和利用过去问题的解决方案，但是该研究也提到案例推理的工艺规划方法不能有效应对快速变化的环境。Zhou 等（2016）开发了集成仿真与可视化的方法，从而为过程优化、设计、扩展和故障排除提供了一个投资回报效益高的工具，然而这种工具更适用于虚拟设计和虚拟培训的应用情境，而对于流程与节拍问题并没有提供充分的解决方法。从上述研究评述可以发现，为应对制造业工厂的临时性改造项目或者中小型企业的规划需求，需要研究快捷有效的仿真手段，从而以比较低的仿真代价来满足规划需求。

　　为解决工艺规划仿真的难点，近年来学者们进行了大量的研究工作，并提出许多技术解决方案。Zhao 等在 2012 年提出一种基于模糊推理 Petri 网的产品拆卸序列决策模型，降低产品拆卸的复杂性，降低了产品的使用成本（Zhao et al.，2014）。Mahapatra 等（2013）在假定退货能够以固定的速度进行再制造的基础上提出一种模型，即通过再制造的产品和新制造的产品来满足固定的需求。Sung 和 Jeong（2014）建立了求解该问题的数学模型，确定了拆卸作业的顺序和数量，提高了再制造环境下拆卸规划的效率。L.L. Li 等（2015）提出一种工艺容量可变、加工单元不等的动态设备布局优化方法，以应对制造设备布局设计的高不确定性挑战。Huang（2018）建立了三种贸易策略下的制造模型，并分析了贸易策略对均衡决策和链成员利润的影响。

此外，一些研究还侧重制造过程的仿真分析方法。Li 和 Tang 在 2011 年提出一种基于图形评价和评审技术的制造工艺规划分析方法，该方法由各种工艺流程组成，并考虑来料零部件的质量不确定性（Li et al.，2011）。Cao 等（2010）建立了基于制造系统工程理论的决策框架模型，对制造工艺规划中决策对象的属性进行形式化描述。Jiang 等（2014）为了充分利用专家的经验和知识，提出一种基于质量功能展开（quality function deployment，QFD）和模糊线性回归的制造工艺方案优选方法。然而，在制造背景下的工艺设计问题上，缺乏基于工厂实践的研究，以及验证的方法和工具，无法有效解决回收产品的质量和成分差异较复杂情况下的再制造工艺过程设计的问题。

2.2 面向制造的数字孪生实践环

数字孪生继承了数字工厂的技术发展路线。数字工厂经过 30 年的不断演化和升级，发展到今天最高端的表现形式，即智能化的数字孪生工厂（卢阳光等，2019c）。过去对数字工厂所带来的先进性的理解，一般强调数字工厂将会伴随着工厂的全生命周期，并在工厂规划、精细设计、施工、经营、生产、优化和升级，直至消亡的过程中，一直伴随着实体的工厂不断丰富、改进和演变。然而在新的智能制造背景下，数字孪生给数字工厂带来了更先进的内涵，包括同时采用先进的传感器、IIoT 和历史大数据分析等技术，具有超逼真、多系统融合和高精度的特点，可实现监控、预测和数据挖掘等功能，数字孪生将可以依靠传感器及其他的数据来理解它的处境，回应变化，提高运营效率，增加价值（尚吉永和卢阳光，2019；卢阳光等，2019b）。

智能制造背景下新一代的数字孪生，是对工厂全生命周期的各种技术方案和技术策略进行评估和优化的综合过程。结合现代管理科学的观点：智慧来源于知识，知识来源于信息，而信息来源于数据。新一代的数字孪生实践围绕着多源异构的工业大数据，通过对大数据的应用实现智能制造，将数字工厂的实践环从增强规划能力的 1.0 阶段推进到实现智能制造的 2.0 阶段，如图 2.1 所示。数字工厂的 2.0 版本，就是智能化的数字孪生工厂。

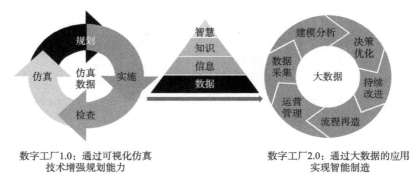

数字工厂1.0：通过可视化仿真　　　　数字工厂2.0：通过大数据的应用
技术增强规划能力　　　　　　　　　实现智能制造

图 2.1　数字工厂实践环 1.0 到 2.0

数字孪生是伴随着工厂的全生命周期的，并在工厂规划、设计、建设、控制、升级和再造的过程中，一直伴随着实体的工厂不断丰富、改进和演变。针对制造业工厂全生命周期的几个关键环节，数字孪生的具体应用可以体现在以下几个阶段，如图 2.2 所示。

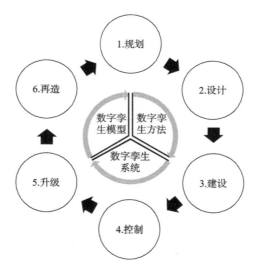

图 2.2　数字孪生应用在工厂全生命周期不同阶段

（1）从工厂规划阶段开始，数字孪生镜像就像工厂的灵魂一样已经存在，通过虚拟仿真技术和物联网技术，将过去可供参考的历史数据、经验与知识应用于工厂规划，帮助企业管理层进行快速决策。

（2）在工厂设计阶段，数字孪生镜像作为未来实体工厂的预定义镜像，为设计单位和业主单位之间提供有效的沟通方式和决策依据，确保设计的安全性和合理性。

（3）在工厂建设过程中，数字孪生作为实体对象的数字化映射，是多物理、多维度、超写实和动态概率的集成仿真模型，可用来模拟、监控、诊断、预测工厂实体项目精度、时间进度和费用预算。同时，数字模型通过与产品物理实体之间的数据和信息交互，不断提高自身的完整性和精确度，最终完成对产品物理实体的完全和精确描述，以及建设过程信息的存档。

（4）在生产控制过程中，数字孪生又作为与现实世界中的物理实体完全对应和一致的虚拟模型，可实时模拟自身在现实环境中的行为和性能，在此阶段借助数字孪生来推动高性能计算技术和机器学习技术在生产过程领域的应用，实时虚拟现实迭代交互，以优化生产要素配置和生产控制过程。

（5）在工厂升级和流程再造的过程中，数字孪生通过和真实的实体工厂之间全要素、全流程、全业务数据集成和融合，并且在孪生数据流的驱动下，实现对工厂生产要素、活动计划的模拟和优化，为物理工厂的不断升级改造提供分析支持。

从工厂规划、设计、建设、控制到升级、再造的运营过程，数字孪生保存了工厂物理实体所有经营和运行数据的数据档案。数字孪生档案可以在未来新工厂的规划中作为参考依据，至此从 1 到 6 形成一个闭环循环。

生产制造的数字孪生方法框架由数字孪生实践环构成其核心，如图 2.3 所示。数字孪生方法框架包括制造业环境中的物理对象、虚拟模型、参与生产控制和经营管理的人员，以及通过 IIoT 将这些要素连接在一起后不断循环迭代的数字孪生实践环。

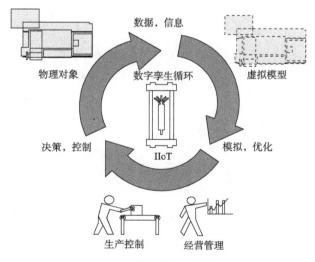

图 2.3　数字孪生实践环

数字孪生实践环中的虚拟模型对其镜像的物理对象进行数字化、可视化、模型化和逻辑化的模拟，模拟的结果一方面可以实时展示给生产控制人员和经营管理人员，用于辅助决策，另一方面也可以直接形成控制指令，直接反馈到生产设备的控制器上；数字孪生实践环中的物理对象不断接受人和虚拟模型发来的控制指令，执行生产任务，同时将自身的状态信息不断地传递给参与人员和虚拟模型；数字孪生实践环中的参与人员观察虚拟模型展示的动态可视化信息，以及孪生模型的模拟结果和实时优化建议，同时根据这些参考信息对物理的设备或加工对象进行实时控制决策；数字孪生实践环中的 IIoT 将所有要素串联起来并形成一个不断循环的闭环。

2.3　基于数字孪生实践环构建数字孪生工厂

　　数字孪生的方法框架，包括数字孪生的方法和数字孪生的模型，在制造业工厂全生命周期的不同阶段，被关注的重点不一样，构建数字孪生的方法和数字孪生的模型也会有所区别。然而无论在哪个阶段，数字孪生的框架都要紧紧围绕着"人、信息模型、物理对象"来构建，能够将这些要素串联起来的，是在各要素之间实现信息双向交互的 IIoT。

　　数字孪生工厂的组成要素如图 2.4 所示，包括物理真实工厂、数字工厂模型，以及在二者之间双向传递的生产现场过程数据，如生产设备数据、测量仪器数据、生产人员数据和生产物流数据，过程数据实现了物理工厂和虚拟模型之间的关联映射与匹配。

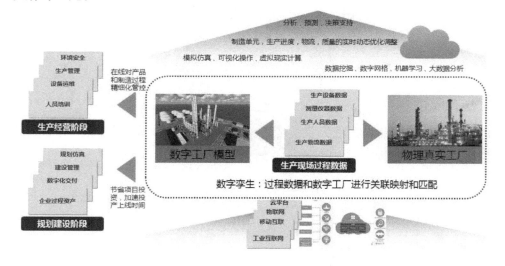

图 2.4　数字孪生工厂的组成要素

支撑数字孪生映射关系的信息技术基础架构，包括工业互联网、移动互联、物联网、云平台。支撑数字孪生在分析、预测、决策支持环节实现应用价值的技术，包括数据挖掘、数字网格、机器学习、大数据分析、模拟仿真、可视化操作、虚拟现实计算。最终数字孪生将在工厂的规划建设阶段通过规划仿真、建设管理、数字化交付、企业过程资产应用场景实现节省项目投资，加速投产上线时间。在工厂的生产经营阶段通过环境安全、生产管理、设备运维和人员培训应用场景实现对产品和制造过程的精细化管控，从而提升企业的经济效益。

2.4　工厂不同阶段的数字孪生构建重点

以通用的数字孪生框架为基础，在工厂生命周期不同阶段，具体的数字孪生落地应用方式各有其特定的方法和模型。在以上数字孪生应用的不同阶段中，和智能制造领域相关性最强的是规划、生产控制和流程再造三个阶段，因此本书将围绕这三个核心阶段展开数字孪生理论与应用方法的研究，包括工厂规划、工厂生产控制和工厂流程再造。

2.4.1　规划阶段的数字孪生构建

传统的仿真方法和平台存在的缺点限制了它们在现代制造业的应用。这些局限性主要体现在以下方面：对使用者的素质要求很高，需要很长时间才能培养和建立一个熟练运用的团队；项目执行需要现场生产和管理部门提供很多合作，且现场研究和仿真建模的工作周期很长；很多仿真变量数据不能被有效收集；一个仿真场景只能用于特定情况，而在业务环境发生变化时需要重新构建模型。以上问题导致在很多情境下，传统的仿真方法所需要的成本大于其收益。

规划阶段的数字孪生需要解决的关键问题，是在制造业情境下设计一种普适性较高、应用门槛较低的数字孪生方法与模型，结合 IIoT 的信息技术，提高规划分析的效率，降低规划阶段的分析成本。

规划阶段的数字孪生，首先设计一种数字孪生的模型，为工艺规划和流程分析构建数字孪生。其次为物联网数据和已有的历史数据提供采集与处理的方法，用于构建形式化的孪生模型。再次给出利用数字孪生模型指导规划的方法。最后基于特定的工业情境，比较新的数字孪生方法与传统的规划方法的差异，包括规划成本和规划效率等方面。

2.4.2　生产控制阶段的数字孪生构建

已有研究指出，实体工厂的大量原始数据将导致严重的信息过载问题，而数据挖掘技术目前仍不能很好地处理大数据以用于智能生产控制（Cheng et al.，2018）。由于工业大数据维度过大和数据产生速度过快，目前仍然鲜见基于机器学习的生产控制数字孪生框架模型的研究。传统生产控制优化方法的建模通常是单一过程，是一次性的知识输出，而数字孪生方法是物理制造工厂和虚拟数字工厂之间的连续交互过程。在一个数字孪生框架中，虚拟数字工厂模型将不断地从物理生产线收集实时数据，并使用实时数据和历史数据进行模型培训、模型验证、模型更新，并最终反馈给真实工厂，以实现生产控制目的。在现实世界中，物理工厂将根据虚拟工厂模型的仿真和优化结果进行生产。

生产控制阶段的数字孪生需要解决的关键问题，是构建生产控制优化的数字孪生的方法，以及设计一种在工业大数据情境下，基于已有的机器学习算法理论，进行模型训练、模型评价和模型反馈生产控制的数字孪生模型框架。

生产控制阶段的数字孪生，首先需要一种基于 IIoT 和机器学习构建数字孪生的方法，以适应生产环境的不断变化。其次需要具体的数字孪生控制结构框架，包括基本步骤、训练算法和关键评价指标。再次需要考虑到制造业环境的特殊性，解决在制造工业情境下用机器学习构建数字孪生面临的问题，如制造工业的数据维数高、时间序列数据对齐性高、时间序列数据时间滞后等。最后需要提出将数字孪生在工厂生产系统上在线部署的方法，并通过案例验证数字孪生方法对生产控制优化的有效性。

2.4.3　流程再造阶段的数字孪生构建

流程再造阶段的数字孪生需要解决的关键问题，是结合 VSM 等传统精益管理理论，构建在制造业情境下基于数字孪生的生产流程再造方法，以及设计能够提升传统流程再造精确度和可行性的数字孪生模型。

流程再造阶段的数字孪生，首先以通过定量分析提升传统方法的准确性和有效性为目标，设计数字孪生模型框架。其次基于数字孪生仿真模型和 IIoT，结合 VSM 等传统的精益管理方法，为生产流程的优化设计基于数字孪生的精益方法。再次在中小型制造业和传统制造业的情境下，给出数字孪生的数据采集和建模方法。最后通过具体制造业情境下的案例进行检验，讨论基于数字孪生方法提升传统精益方法精确度和可行性的效果。

第3章 规划阶段的数字孪生构建方法及应用

3.1 制造业的规划效率和仿真困难问题

规划阶段是生产制造企业全生命周期中最核心的、关联知识密度最大的阶段之一。在规划阶段将企业历史经验和数据有效地运用，可以极大地降低企业的生产线建设成本，节省工厂固定投资，加快产品投产和上线时间，并有助于企业生产线在未来运行平衡和高效。利用历史数据和 IIoT 实时数据构建数字孪生模型，对于企业提升规划能力和效率，缩短建设周期和降低财务成本，有着重要的意义。在传统的大型工业情境下，针对规划类的方法和建模问题的研究已有丰硕的成果。

现代制造工业面临着快速变化的市场环境和企业不断升级、转型、产能与生产方式的调整，因此需要一种投资小且高效的规划分析方法。传统制造业规划的分析方法包括方法研究和作业测定。其中方法研究包括程序分析、作业分析和动作分析。作业测定包括秒表测时、工作抽样、预定动作时间标准法等技术手段。其分析技术通常遵循 5W1H（why、what、where、when、who、how）的提问技术、ECRS［即取消（eliminate）、合并（combine）、调整顺序（rearrange）、简化（simplify）］的四大原则，以及检查分析表的基本技术。在实施的过程中，考虑经济因素、技术因素和人因因素，获取相关部门领导的认可和批准，组织参与人员培训，进行现场研讨，进行实地试验运行。因此投入人力多，实施周期长（Dekkers et al.，2013；X.Li et al.，2016；Z.Li et al.，2016）。

随着现代计算机性能和软件技术的发展，仿真分析软件越来越多地应用于工厂规划任务中，以提升工业工程分析和规划工作的效率，如 Plant Simulation 等仿真软件，都有所见即所得的图形化工作环境、层次化的模型结构、面向对象的方法过程、各种形式的报告输出等。这些新的功能特性有助于协助制造业规划，但这些仿真工具要么太"重"，要么太复杂。同时，在实现生产过程的动态仿真和信息分析的过程中，这些传统仿真技术对数据采集的准确性、机器性能的输入、产品特性、工艺参数和工时等各方面的期望要求很高。例如，需要机床、产品、工艺和工时等数据采集和录入的准确性；传统仿真方法还非常依赖于公司管理高层的支持、充足的人力资源和丰富的企业知识库等（Sanchez and Mahoney，1996；Kasperczyk et al.，2012；Thomson，2002）。

在市场环境的催化下，现代制造型企业演变出多种多样的形式。其中某些制造型企业规模小，生产输出量低，而且上游供应链和下游需求环境的扰动较大，这些特点给制造业的传统规划方法带来挑战。以再制造工业为例，其目的是在产品失效后回收有用的部件，并在新产品的生产中再利用这些部件。再制造规划难度的因素主要有四个方面：①需要在规划方案中增加额外的程序，如清理、拆卸、分解、评估和筛选废弃旧产品。②报废的旧产品供应链不稳定，原材料供给扰动较大。③工厂投产后，再制造深度的发展将经历几个阶段不断升级，可再制造的零件目录和整机再制造率都在不断变化。每一阶段都要经过重复循环的生产测试、市场检验、质量审核和研发部门的技术审核环节。④与新产品市场相比，再制造产品的市场需求更加不稳定。

现代制造业的规划任务要考虑较多的扰动因素，有的扰动因素源于外在的上游供应链和下游的市场需求不稳定，有的扰动因素源于内在固有的生产工艺阶段性或周期性的变动计划。以再制造工业为例，图 3.1 显示了典型发动机再制造工厂中再制造深度的不同阶段。在批量生产（Series of Production，SOP）日之后，整机零部件的再制造率将会有连续 3~4 年的爬坡时间，每间隔 6 个月就有一次提升。经过 6~7 次爬坡之后，最终实际工艺方案中按重量核算的再制造率，将从 10% 提升至 90%。在此期间，越来越多类型的发动机零件将被纳入再制造的目录中。这些内在和外在的扰动因素，给现代制造业的规划任务带来新的挑战，因此设计一种基于数字孪生的敏捷规划方法迫在眉睫。

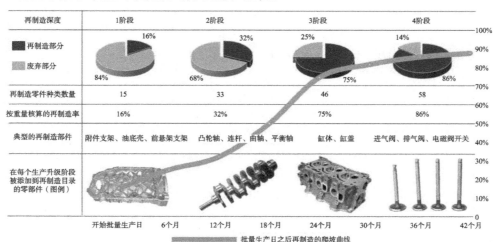

图 3.1　再制造深度爬坡示意图

3.2　规划阶段数字孪生构建方法

3.2.1　一种基于数字孪生的规划框架

本章提出规划阶段的数字孪生方法框架，实现物理世界和虚拟制造世界的有效交互。参考物联网技术和灵活模拟仿真（flexible simulation，FS）框架，设计一种基于数字孪生的规划方法框架，如图 3.2 所示：①由规划人员在仿真平台上用较短时间完成一个简洁模型的搭建；②对于物联网可直接获取的仿真必要数据，如设备运转和人流物流数据，包括时间、节拍、故障、振幅等数据信息，经过程序化自动处理之后，直接用于仿真模型的数据输入；③通过仿真模型的平台输出仿真后得到的关键数据信息，反馈用于现实中的规划决策或供优化讨论。

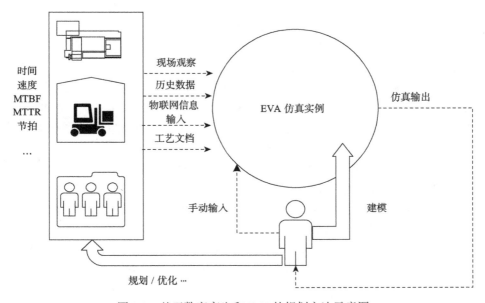

图 3.2　基于数字孪生和 IIoT 的规划方法示意图

MTBF：mean time between failure，平均故障间隔时间；MTTR：mean time to repair，平均恢复时间

考虑到生产制造业在规划工作的一般性要求，本章设计了用于工厂规划阶段数字孪生的核心，一种效率验证分析仿真模型，简称 EVA 模型。基于 EVA 仿真的数字孪生的规划方法旨在实现以下目标。

（1）能够快速地构建用于规划的仿真模型，同时利用包括物联网数据和工厂数据在内的历史数据，作为仿真建模的参考依据。

（2）能够应对现代制造业特殊工艺过程的仿真要求，如在再制造的工业生产中，包括清洗、拆卸和分类等不同于传统制造业的生产过程，都需要在仿真模型中能够进行有效的模拟。

（3）能够使仿真模型灵活地适应生产模式和工艺流程的调整与变更，利用既有的模型快速调整，通过更改模型的组件连接和参数变化，能够适应生产升级和改造等小型规划任务。

（4）能够利用仿真模型模拟材料供应和市场需求不稳定的情形，而且这些不确定性可以通过工厂物联网收集的丰富数据进行模拟数据的计算。

从工厂物联网和现有信息系统获取的历史数据，可以通过数据接口自动收集，并在服务器端进行预处理转换为必要的仿真输入，如代理节拍、MTBF 和 MTTR、运行速度、工人和车辆的移动速度等。通过对以上基础要素的设计，构成一个基本的工艺规划分析框架。该框架是为了适用于制造业的规划任务而设计的，它集成了物联网历史数据和 EVA 仿真模型。

3.2.2　设计基于 IIoT 和仿真的数字孪生方法

现代的制造业工厂越来越多属于中小型规模，而且通常有以下特征：首先，现代工业生产线自动化程度高，实时通信网络和通信接口成熟，同时新型材料技术和芯片技术极大降低了 RFID 等生产线数据采集手段的成本，为实时数据采集的普及化提供条件，因此可以获得大量的 IIoT 数据；其次，过去相同产业工厂已累积的历史数据丰富，在诸如再制造等近几年蓬勃发展的新型工业中，这个特点尤为显著，即使是全新的再制造工厂规划，也将遵循与原有型号新产品工厂相同的工艺和生产模型，最终产品采用成熟技术方案，而不需要对加工工艺重新研发。因此，基于 IIoT 和历史经验数据的规划数字孪生方法，在现代制造工业环境中有了基本的技术基础和物质基础。

目前制造业生产线多数为联网控制的数控系统，以汽车工业为例，其机械加工生产线和装配生产线基本已经部署了工业网络，包含随产品制造过程流动的 RFID 芯片、控制生产机床的可编程逻辑控制器（programmable logic controller，PLC）和计算机数字控制机床（computerized numerical control，CNC）控制单元等，这些技术基础为实时获取丰富的用于分析的工业大数据创造了条件。在数控机床的控制柜内，PLC 和 CNC 模块一般都预留了用于外接数据采集的空闲以太网 TCP/IP 接口及电源接口。只需要外接一个低成本的工业控制盒，即可进行数据采集，在生产线安全级别要求不高的情况下，也可以直接将工业网口和办公网络的服务器进行连接。以 CNC 为例，汽车生产线工业数据采集方式的逻辑示意如图3.3 所示。

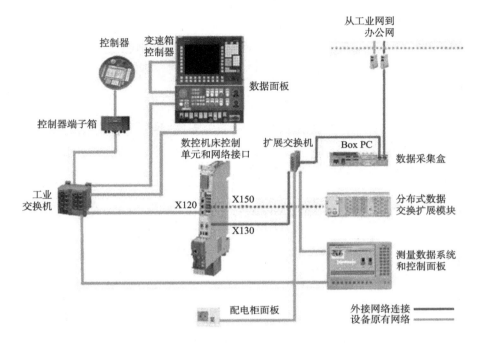

图 3.3　面向 CNC 的数据采集连接方式图

　　在工业生产线通过物联网获取的机床工控数据，是做各种数据分析快捷有效的信息资源。从生产线获取工业数据，以及将相关数据对外传递的网络拓扑如图3.4 所示。

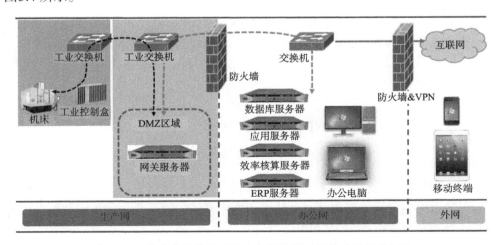

图 3.4　工业生产线数据采集和相关数据对外传递的网络拓扑

VPN：virtual private network，虚拟专用网；DMZ：demilitarized zone，隔离区

通过 IIoT 技术采集数据有如下好处：①数据实时在线传输，提高数据获取的即时性；②避免人为干预导致的错漏删改，保障数据的准确性；③借助边缘计算技术，在数据源头就对大数据进行初步的清洗、筛选和整理，提升数据有效性。

在制造型工厂的规划任务中，在工艺规划阶段的初期，或者在每个再制造深度升级的阶段，人们通常会更加关注效率的关键指标，如时间、节拍、瓶颈等，因此，在后续环节设计基于数字孪生的新型规划仿真方法的时候，需要重点考虑轻量化、易用性，以及模型与现实数据之间、模型与规划人员之间快捷有效地互动的问题。

目前广泛应用于传统大型工业的仿真方法，不适用于再制造等新型制造业的工艺规划任务。大多数传统仿真方法基于模型驱动架构（model driven architecture，MDA）或高级体系结构（high level architecture，HLA），以及以下典型框架：模型视图控制器（model view controller，MVC）框架、可扩展建模和仿真框架（extensible modeling and simulation framework，XMSF）、基于线程的仿真框架和基于知识的仿真框架。

基于以上架构和框架的传统仿真平台或工具（如 DELMIA、FlexSim 和 Tecnomatix）提供丰富的信息，包括协作过程分析、人体工程学分析、可视化分析、物流运输路线分析、设备 ROI 分析、周转率分析、流程优化和流程可视化。然而，van der Zee（2012）指出传统的仿真方法并没有认识到一个问题，即需要明确地将概念模型的设置与工业工程的过程联系起来，因此，导致基于传统方法的项目效率和有效性都打了折扣。

本章基于灵活模拟仿真框架和离散事件系统规范（discrete event system specification，DEVS），设计一种用于生产流程规划的效率分析验证仿真模型，详见 3.3 节。这种新的建模方法为规划人员提供了更好的规划过程数据分析方法，从而在工艺规划过程中有效构建数字孪生模型。

3.2.3　用于仿真的 IIoT 数据计算方法

在机床上直接采集的 IIoT 数据，已包括设备的运行状态、能源消耗、加工过程指标、在线指令分析等一系列时序性信息，这些信息既可以直接用于生产线运行过程的实时监控，也可以结合办公网的应用系统，进行生产线指标分析，以及持续的管控和改进，如图 3.5 所示。

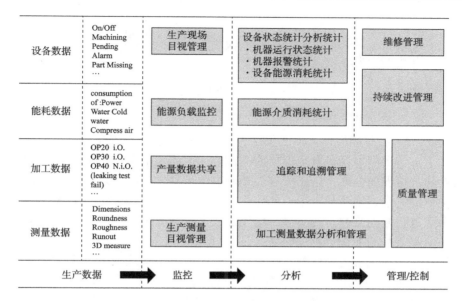

图 3.5　IIoT 获取的生产线数据和应用过程

生产线数据通过工业控制盒传递到办公网络中，可以由办公电脑直接收集和计算，也可以通过服务器统一处理之后，再直接将计算过的可以直接用于仿真的数据，通过应用程序接口共享给办公电脑。

规划问题的仿真模型只关心时间、效率等核心指标，如平均节拍时间、生产周期内平均性能、MTBF、平均故障恢复时间，以及数据的上下波动区间振幅等数值等。通过 PLC 或 CNC 获取的工业大数据，推算主要的仿真数据的逻辑公式，如式（3.1）~式（3.5）所示。

$$\mathrm{TAKT_{PROCESS\_}}_i = \frac{\sum_{j}^{k}(\mathrm{out\_times\_in\_times})}{k-j+1} \quad (3.1)$$

$$\left([j,k] \subseteq [\mathrm{MTBF\_start}_m, \mathrm{MTBF\_end}_m]\right)$$

式（3.1）展示如何基于物联网数据计算节拍时间（takt time，TT）。该式表明在规划问题的仿真模型中，所需要考虑的节拍时间是每个环节的过程输出能力，而不是像传统精益制造理论所定义的那样，节拍时间的计算源于客户需求数量的节拍。在每一个制造环节中，用于规划问题仿真的节拍时间，相当于通过本环节中每个单个在制品（work in progress，WIP）的实际作业时间的平均值，也就是只计算"在制品进入此加工环节"和"在制品输出此加工环节"之间的净时间。机器等待时间、阻塞时间和修理机器故障时间等诸多与实际加工作业无关的时间，将全部被剔除，不被考虑在节拍时间内。

$$PERFORM_{AGENT\_i} = \begin{cases} \dfrac{T}{\sum_{AGENT_i} TAKT_{PROCESS\_l}}, & \text{if } SEQUE_i = serial \\[3mm] \dfrac{T}{\max_{AGENT_i} TAKT_{PROCESS\_l}}, & \text{if } SEQUE_i = parall \end{cases} \quad (3.2)$$

$$(T \in \{24hours, 60min\})$$

式（3.2）展示如何计算加工工位（机器）的性能。在现实的生产流水线中，一个加工工位内部可以包含多个可能的进程，因此加工工位（机器）的性能计算将具有两种可能的公式，采用哪种公式取决于进程之间的关系。如果多个进程之间是串行的关系，则该加工工位的性能取决于其所有内部进程的总节拍时间，而如果多个进程之间是并行的关系，则该加工工位的性能取决于其所有内部进程中的节拍时间最长的那个进程。

MTBF 是在正常生产设备运作期间、机械或电子系统出现周期性故障之间的预测时间间隔。它可以通过系统每两次故障之间的算术平均值时间来计算，如式（3.3）所示。在每次观察或自动采集的数据中，"停机时间"是它出现故障的瞬时时刻，这个时刻大于上一次"开机时间"的时刻，两个时刻之间的时间差（"停机时间"减去"开机时间"），即机器在这两个事件时刻点之间运行的时间长度，而每一个生产设备的 MTBF 是其可观察到的运行时段的总长度，除以可观察到的总故障次数。

$$MTBF = \frac{\sum(\text{start of down time} - \text{start of up time})}{\text{number of failures}} \quad (3.3)$$

$$MTBF_{AGENT\_s} = \frac{\sum_{p}^{q}(\text{down\_time}_s - \text{start\_time}_s)}{q - p + 1} \quad (s \in \{\text{PLC log, abnormal interval}\}) \quad (3.4)$$

通过参考上面的 MTBF 的定义，式（3.4）展示出在某个特定的时段内（故障序列号从 p 到 q 之间的时间段内），如何从某台指定工位的 IIoT 数据计算该机器的 MTBF。在规划类型的仿真问题中，机器停机（机器错误/维护）和异常间隔（如由操作员引起的中断）都应当被考虑到 MTBF 的计算中。在实际可获取到的生产线物联网数据中，多数情况下只能检测到机器错误/维护类型的事件标签，而无法判断是否出现了异常。这样往往会导致某些计划外异常、机器不能正常有效工作的时间，被错误地统计为正常运转的时间，因此根据不同工业生产线的实际情境，需要通过某些规则的预定义来让程序自动判断，以检测和甄别 PLC 和 CNC 未打标签标记的异常故障情况（如在汽车发动机的生产线上，一台生产设备的相邻上游和下游生产设备都在正常执行加工工作的状态中，而该机器停止加工工作超过了 10 分钟，则可判定为异常间隔）。

$$\mathrm{MTTR}_{\mathrm{AGENT}\_i} = \frac{\sum\limits_{p}^{q}\left(\mathrm{start\_time}_s\_\mathrm{down\_time}_s\right)}{q-p+1} \left(s \in \{\mathrm{PLC\ log,\ abnormal\ durat}\}\right)$$

（3.5）

式（3.5）展示如何计算 MTTR。MTTR 和 MTBF 的计算的基本逻辑和算法非常类似，区别就在于在某个指定的时间段内，MTTR 和 MTBF 所计算平均值采用两个不同时间段集合，而且是恰好互补的两个集合，它们正好构成该完整的时间段。

$$\mathrm{VIBRA}_x = \frac{\sqrt{\dfrac{\sum\limits_{j}^{k}\left(\mathrm{Values} - \mathrm{AVERAGE}\_x\right)^2}{k-j-1}}}{\mathrm{AVERAGE}\_x} \times 100\% \left(x \in \{\mathrm{TAKT, PERFORM, MTBF}\}\right)$$

（3.6）

式（3.6）显示如何根据一组实际的 IIoT 序列数据，计算指定参数的振幅。计算振幅的方式是从同一个变量用于计算均值的一组原始数据中计算方差，从而得到不同仿真变量的不同振幅值。振幅值影响到在仿真过程中某个特定变量的随机波动区间，从而使仿真结果尽可能接近于真实工厂环境的情况。

上面的定义和公式，有助于为规划方案计算尽可能接近真实物理环境的仿真变量，并且基于这些仿真变量设计不同的规划方案，并通过仿真输出不同方案模型的模拟生产结果，以评估不同规划方案中的关键指标。

3.3　规划阶段数字孪生应用

3.3.1　EVA 模型的构建

DEVS 是美国学者 Zeigler 提出的一种离散事件系统形式化描述体系，提供模块化、层次化的系统建模和仿真执行框架。每个子系统在 DEVS 框架中都被视为一个内部结构独立、IO（input/output，输入/输出）接口明确的模块，而且这些模块可以由多个组合成具有一定的连接关系的耦合模型（Zeigler et al.，1997；Foures et al.，2018）。

DEVS 形式的操作语义简洁，有助于与真实系统构建简单对应关系，方便建立具有时间概念的仿真模型。DEVS 的实验运行框架被形式化为模型对象，同时模型和运行框架能够组合形成耦合模型并且具有其他耦合模型相同的性质。这种清晰、分层的方法有利于对仿真对象进行模块化、结构化的描述。该理论框架也为小而复杂、多变的制造业规划情境提供有效的解决方案。DEVS 的具体描述详见附录。

　　本章提出一种新的制造业生产工艺规划仿真模型。基于 FS 框架和 DEVS 模型的概念，设计 EVA 模型。EVA 模型如图 3.6 所示，其基本元素的定义如表 3.1 所示。

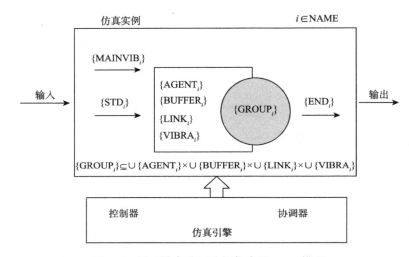

图 3.6　用于效率验证分析仿真的 EVA 模型

表 3.1　EVA 模型的基本元素

元素	定义
Input	仿真输入接口
Output	仿真输出接口
CASE	$<$NAME, $\{STD_i\}$, $\{END_i\}$, $\{AGENT_i\}$, $\{BUFFER_i\}$, $\{LINK_i\}$, $\{VIBRA_i\}$, $\{GROUP_i\}$, $\{MAINVIB_i\}>$
STD	$<$NAME, $\{RATE_j\}$, PERFORM, PATTERN, QUANT$>$
END	$<$NAME, QUANT$>$
AGENT	$<$NAME, PERFORM, $\{TAKT_j\}$, $\{PROCESS_i\}$, $\{RATE_j\}$, PATTERN, LOT$>$
BUFFER	$<$NAME, PERFORM, $\{RATE_j\}$, QUANT$>$
LINK	$<$NAME, UPPER, DOWNER, $\{TIME_j\}$, LOT, QUANT$>$
PERFORM	$<$MTBF, MTTR, $\{VIBRA_i\}>$
RATE	$<$PRIOT, TAKT, VIBRA$>$

续表

元素	定义
PATTERN	$<\{SEQUE_j\}, \{TAKT_j\}, \{QUANT_j\}>$
PROCESS	$<NAME, TYPE, SEQUE, PRIOT, LOT>$

　　根据建模和仿真对象模型模板规范（IEEE 2010）的标准，参考制造系统面向对象的仿真技术建模方法和设计原则（Hou et al., 2001；Ieee，2010），EVA 模型的变量和参数名词注释如表 3.2 所示。

表 3.2　　EVA 模型的变量和参数名词注释

名称	说明	类型	注释
CASE	一个仿真实例	obj	仿真实例名称
NAME	子组件名字集	char	$i \in NAME$
$\{STD_i\}$	原料输入集	obj	原料投入的速度、规律和数量等属性
$\{END_i\}$	产品输出集	obj	仿真模型的流程终点
$\{AGENT_i\}$	中间处理器集	obj	中间处理环节，可以代表岗位、机床和业务窗口等
$\{BUFFER_i\}$	缓冲器集	obj	缓冲区、堆垛区
$\{LINK_i\}$	传送线集	obj	包括两点之间的运输能力、速率和组态等信息
$\{VIBRA_i\}$	振幅值集	%	所有实际值非恒定的量化参数的振幅
$\{GROUP_i\}$	组合方式集	obj	$\{GROUP_i\} \subseteq \cup\{AGENT_i\} \times \cup\{BUFFER_i\} \times \cup\{LINK_i\} \times \cup\{VIBRA_i\}$
$\{MAINVIB_i\}$	全局变量集	obj	影响整体仿真过程和输出结果的全局参数设定组合
$\{RATE_j\}$	物料投送或转移的方式集	obj	包括速率、优先顺序和振幅值等
$\{TAKT_j\}$	个体的节拍时间组合集	time	预备时间、装载时间、卸载时间、执行时间和振幅值等
QUANT	数量值	int	上限容量、总投料量、总产量和运载能力等
PERFORM	性能值	float	单个对象的性能预测，或者基于历史数据的性能评估
PATTERN	序列控制机制	obj	由顺序、时间间隔和数量等信息组成的序列表
MTBF	平均故障间隔	time	工序单次不停机检修可连续工作的时间长度
MTTR	平均故障恢复	time	工序单次停机检修或维护的时间长度
LOT	单次数量要求	int	一次性处理的任务要求包含的产品个体数量
UPPER	上游对象	obj	$UPPER \in \{STD_i\} \cup \{AGENT_i\} \cup \{BUFFER_i\}$
DOWNER	下游对象	obj	$DOWNER \in \{AGENT_i\} \cup \{BUFFER_i\} \cup \{END_i\}$
$\{PROCESS_i\}$	工艺组合集	obj	一个 AGENT 中可以包含单个或多个 PROCESS

名称	说明	类型	注释
TYPE	工艺形式	bool	组合或分解等工艺形式
SEQUE	工艺关系	bool	并行或串行等工艺间关系
PRIOT	优先等级	int	有争用的情况下优先级高的任务先执行

EVA 模型将仿真要素集中在制造业生产流程规划的初期受关注的核心指标上，如时间、节拍、效率、负荷和产能等，从而只进行相对简洁的模型构建，需要采集和输入的信息比较少。其仿真结果的输出也聚焦在整条生产线和其中单个对象的关键绩效指标（key performance indicator，KPI）信息上，如产能、负荷、节拍和时间等效率类信息，从而让工艺规划决策者可以快速聚焦到关键指标上。

参考 DEVS 形式的仿真运行设计框架（Zhou et al.，2016），EVA 仿真器和其运行框架包括以下四个主要组成部分：①现实系统，包括真实的和概念设计中的生产系统，其元素及条件的集合都是仿真的数据来源；②源于现实系统构建的模型，模型的结构组成了其运行指令，模型的数据集控制仿真的执行过程；③仿真器，通过控制器和引擎来驱动模型完成仿真过程；④实验运行框架，在 EVA 中是一个可耦合模型，当它耦合到一个模型时，可以生成输入模型的外部事件，监测模型运行，处理模型输出。

在本书提出的仿真结构设计方案中，EVA 的仿真器和运行框架结构被形式化为模型对象，如图 3.7 所示。模型和运行框架能够组合形成耦合模型，并且具有其他耦合模型相同的性质，这种层次清晰的处理方式有利于模块化和结构化地描述仿真对象。

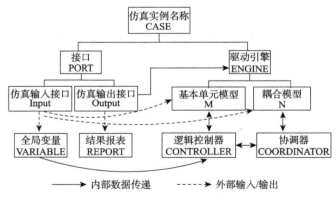

图 3.7　EVA 仿真器和运行框架结构

EVA 的仿真器有三种类型的实体，且每个原子模型在逻辑上有一原子仿真器来处理它的行为，不同类型的原子模型需要不同的仿真器。同样，每个耦合模型对应一个协调器，而总协调器负责协调所有的协调器。这种统一的处理方式具有模块化和结构化描述的好处。仿真框架模块本身也是一个可耦合模型，当它耦合到一个模型时，可以生成输入模型的外部事件，监测模型运行，处理模型输出。

3.3.2　设计基于数字孪生实践环的工厂规划流程

EVA 仿真需要有输入和输出的用户接口，用以给使用者构建模型和观察模拟器生成的仿真输出报告。EVA 框架中的原子模型所包含的基本录入信息，包括加工工位（processor）、加工进程（operation）、原料输入源（source）、缓冲区（buffer）和不同对象之间的连接运输线（connection）等。所有的这些原子模型对象都对应着一套预设的属性和参数，这些属性和参数是根据 EVA 仿真方法和定义配置的。

受益于 DEVS 仿真形式所带来的优点，EVA 的原子模型易于重构和复用，通过调整已有模型中的属性和参数，可以复制和重建已存在的原子模型对象。因此，在面临一些基于传统业务的新型特殊业务的情景下，可以根据已有的生产线的信息构建未来生产线的模型。例如，在发动机再制造过程的仿真中，通常可以通过重用和编辑普通发动机工厂已有的对象，来设置和映射与传统业务不同的额外步骤。在已有的生产线上可采集到的时间序列历史数据，都可以被有效地用来为构建新的生产线的仿真模型提供参考依据。

利用 EVA 仿真，设计一种基于数字孪生的规划方法，用于改善传统的规划工作流程，具体如图 3.8 所示。对规划阶段的数字孪生模型的构建方法，具体步骤描述如下。

（1）规划人员使用相同的产品型号对现有工厂进行现场调查，或者参考已有的工艺流程图的初始方案，绘制一个工艺流程草图。工艺流程草图需要简要描述车间布局、物流路线、原材料输入、中间缓冲区和最终产品输出等基本的生产线面貌信息。必要时，生产模式和关键指标等一些重要的建模信息，也可以展示在草图中，作为下一步生成原始模型的重要参考依据。

（2）根据手动绘制的草图，在 EVA 平台生成一个初始模型。初始模型应该已经具备了 EVA 框架和可执行的所有基本元素，但是变量和参数在此阶段可能尚未被正确地设置。

（3）根据新的制造工厂的设计文件和可供参考的既有同类型工厂的历史数据，调整初始模型，建立用于在 EVA 平台运行和输出仿真结果的生产过程的仿真模型。根据不同制造工厂类型的特殊性，还可添加额外的特殊制造工艺过程，

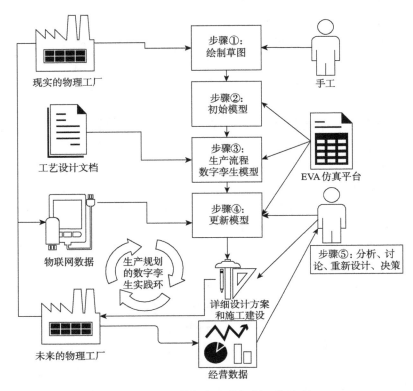

图 3.8　基于数字孪生的规划工作流程

如再制造工业中的拆解、清洗和分拣过程，并且这些过程对应的原子模型也将根据历史数据和技术文档中可供参考的信息，正确设置其变量和参数。

（4）根据现有工厂生产线的物联网历史数据，更新制造过程对应的模型参数，并在仿真平台上实现模型的构建和完善。到了这一步，EVA 模型中的所有元素都非常接近物理工厂的实际情况，因此可以视为工厂建成后未来物理世界的"孪生"模型镜像，孪生模型输出的仿真结果将对制造工艺规划工作和生产线投资决策产生很大的参考价值。

（5）将仿真的结果输出为评估报告。评估报告将重点分析不同规划版本对应的模型所输出的关键效果指标。负责工厂规划决策的项目委员会将根据多份仿真报告集体讨论和决策，重点评价生产总体性能指标，各个工位/缓冲/运输线的负荷情况，以及导致生产输出瓶颈的位置。评估工作也包括基于 EVA 仿真讨论，讨论可能的优化方向和潜在的其他可选方案。最后，规划决策委员会将基于以上仿真分析，确定最终的被选择的工厂规划方案，并提交设计部门进行下一步的工厂详细设计，包括建筑、结构、公用设施（水电气）、设备和运输线等。

以上工作所构建的 EVA 模型，在一次性的规划工作都完成之后，还会继续支持未来的工厂规划和重建，并且将形成规划的数字孪生循环机制，即图 3.8 中所示的生产规划的数字孪生实践环。

在初步规划完成后形成的规划数字孪生实践环还包括如下工作：①根据数字孪生确定的最优规划方案进行工厂的详细设计；②根据详细设计建造工厂；③建造完成的制造工厂投入运营；④运营中的工厂车间将会持续产生大量的物联网数据；⑤新的生产线物联网数据持续传递给 EVA 仿真平台，以保持孪生模型的同步和更新，并输出新的仿真报告以展示工厂生产线和各个工位的实际效率指标；⑥虚拟模型更新的仿真报告与实时的市场需求、经营管理指标和财务分析指标等信息被传递给公司高层，用于管理人员的集中分析讨论，并基于此提出生产线的改进或产能设计的新计划；⑦新的计划需求将触发规划部门生成不同的新方案模型，并基于实时的物联网数据在 EVA 平台中重新分别进行仿真，由此再触发新一轮的规划和建设工作。

3.4　规划数字孪生应用实例

3.4.1　实例背景

再制造可以最大限度地节约原材料、人力、能源消耗和设备工具成本，保持发动机的其他附加值，是节约能源、保护环境和促进可持续发展的绿色产业。研究表明，再制造业务是一种闭环供应链（closed loop supply chains，CLSC）网络的形式，涉及供应商、制造商、零售商和需求市场。作为 CLSC 的重要组成部分，再制造被认为是一个复杂的过程，在这个过程中，旧产品的核心部件被拆卸、修复和再利用（Difrancesco and Huchzermeier，2016；Jena and Sarmah，2016）。再制造工厂通常具有小尺寸和低吞吐量的特点，并且面对上游和下游供应链的不同环境，所有这些特征都给再制造工厂的规划任务带来了挑战，与一般的普通制造工厂相比，再制造的工艺设计和规划问题更加困难与复杂。

一家欧洲汽车集团在中国市场推出其最畅销的发动机车型之一，并经过五年的生产销售阶段，配备这款发动机的汽车的市场保有量已达到 200 万辆。一些装配该发动机型的旧车开始面临发动机更换问题，因此该款发动机型号对应的再制造市场已经成熟。在华北地区生产这种发动机型号的某工厂，有强烈意愿在其生产原型号发动机工厂的园区投资新的再制造工厂，并开展该发动机型号的再制造业务。

考虑到传统的发动机生产线规划方法将花费太长时间并要求过高的投资，而再制造工厂都是小规模业务，且要求能适应短平快的生产周期，公司在进行发动机再制造新工厂的规划工作中面临着困难。过去该公司的规划工作时间周期长，导致公司的新生产线从提出需求到实际投产的时间周期过长，影响公司产能对市场变化的反应速度。如果该规划任务继续采用德国总部研发的工业工程分析系统，则需要耗资几百万元，实施周期长达一年半，实施后还需要增加 2~3 个工程师岗位，此方案被公司高层否决。

由于以上背景因素，该工厂为了解决现实中的规划难题，需要一种新型的基于现有生产线实际数据进行快速规划的仿真和评估方法。该工厂尤其需要找到一种方法，可以在短时间内提供多个可供比较的规划模型，并解决规划中受关注的核心问题。例如，对合理的工作流程分解与组合关系、需要投入的设备和人员数量、对空间的需求和实际可达到的最终生产能力等指标进行快速评估。

3.4.2 实例过程分析

1. 再制造情境下数字孪生建模的适应性调整

考虑到再制造生产的产品是和既有生产线完全一样的型号，而且再制造生产线使用的生产设备和加工工艺过程也有较多和既有正常产品生产线完全一致，所以在对再制造生产过程进行规划的时候，可以考虑将既有生产线的生产数据和工艺信息进行复用，然而也需要考虑到再制造生产有其特殊性。

在本实例中对 EVA 仿真模型进行适应性的调整，以满足再制造生产过程与正常制造过程不同的作业环节。一般情况下，原始的 EVA 原子模型的默认属性已经可以满足多数传统制造工业的生产流程，而 EVA 模型也具备一定的灵活性以适应新的特殊生产模式。再制造工业与传统制造业的差异主要反映在不同的操作类型中，如和新的发动机生产相比，再制造发动机工艺需要增加拆卸、清洗和分拣等额外工序。再制造生产环境与传统制造生产环境相比，也需要面临更多的不稳定性的干扰，如其内部生产流程会在投产后随着工厂再制造深度的升级而在数年内不断改变，而外部的原料供应也会随着整车市场销量和报废政策影响而有较大的波动性。

本章考虑到再制造过程和一般制造过程对仿真要求的差异，对 EVA 模型进行适应性的调整。调整后的适用再制造 EVA 原子模型如表 3.3 所示。

表 3.3 EVA 模型在再制造情境下的适应性调整

元素	定义
CASE	一个再制造生产流程的仿真实例名称

续表

元素	定义
{STD$_i$}	原材料输入端口属性
{END$_i$}	终产品输出端口属性
{AGENT$_i$}	生产设备或操作工位
{BUFFER$_i$}	物料篮或在线缓冲区
{LINK$_i$}	物料移动方式，如料道、机械臂投送或人工运输等
{GROUP$_i$}	从现场观察到的机床、机械臂、缓冲区和人工岗位的组合方式
{TAKT$_j$}	节拍时间，可以从已有产线的物联网数据计算
PERFORM	工位性能，可以从已有产线的物联网数据计算
PATTERN	输入和输出物料的模式，根据工艺文件描述
MTBF	平均故障间隔，可以从已有产线的物联网数据计算
MTTR	平均恢复间隔，可以从已有产线的物联网数据计算
{VIBRA$_i$}	不同参数值的振幅，可以从已有产线的物联网数据计算
LOT	每批次加工或运输要求的最低数量，根据工艺文件描述
{PROCESS$_i$}	加工模式，根据实际观察
TYPE	拆解、组装或机加工，根据工艺文件描述
SEQUE	加工工序之间的关系，并行、串行或混合描述，根据工艺文件描述
PRIOT	工序之间的优先级排序，根据工艺文件描述

　　表 3.3 中每一个工位的原子模型中添加了"拆分"和"合并"操作类型。旧的发动机拆卸过程可以在 EVA 模型的"TYPE"参数中定义为"拆分"，并且再制造引擎装配过程可以在 EVA 模型的"TYPE"参数中定义为"合并"。在实际情况下，一个被加工的作业对象可以按照再制造的工艺分解表，在拆解的工序环节中按照实际情况被"拆分"成多种品种和数量的组件被输出到下面的工序环节中，反之，在装配工序则是多个输入组件被"合并"为一个组件并输出到下一个工序环节中。

　　当作为原材料的报废旧发动机供应情况不稳定时，模拟原料输入的 EVA 原子模型中的"输出模式"可被用于模拟这种干扰情形，"输出模式"代表释放加工对象到下一个作业环节的速率和方式，它可以是一个时间序列表，定义不同的顺序、时间间隔和数量，也可以用循环的方式重复模拟某种有规律的投料节奏。旧发动机数量和质量的不稳定，将会导致原料拆解过程和新机器装配过程中的上下游加工对象输入输出的数量、速度各不相同。通过调整这些做了适应性变化的 EVA 原子模型的参数，可以尽可能真实有效地模拟这些生产扰动的情形。

2. 方案设计与实施

本实践案例得到欧特克（中国）软件研发有限公司的技术支持，提供一个自研的仿真软件，这个软件的功能和界面基于 EVA 仿真结构框架的概念设计开发。项目用到的工具包括纸、笔、网线、工业控制盒和一台办公电脑，电脑配置为 Intel 酷睿 i3 处理器 3 GHz，4GB 内存，500GB 硬盘。

基于项目背景，设计仿真方案如下。仿真的目的是尽可能重用已有的发动机生产线生产过程中的数据，来模拟新的再制造过程。规划方案的关键指标包括生产线的总体输出能力、单个工位的负荷情况、运输线路繁忙程度等，将在指定的一个生产周期（如连续运行 200 小时或连续生产 500 个产品）模拟中进行评估。该项目由具有发动机制造专业背景的工程师执行。该工程师之前没有接受过仿真或工业工程的培训，在学习 EVA 模型概念和仿真平台的功能后，开始独立进行实地调研和模型构建。

首先，工程师需要一天的时间来研究现有的发动机生产车间作为参考，其次，将观察到的信息整合到新的再制造发动机工厂概念设计中，并完成绘制发动机再制造生产线的简单草图，具体如图 3.9 所示。基于这个草图，可以在 EVA 仿真平台上快速地用既有的原子模型搭建一个初始的仿真模型。

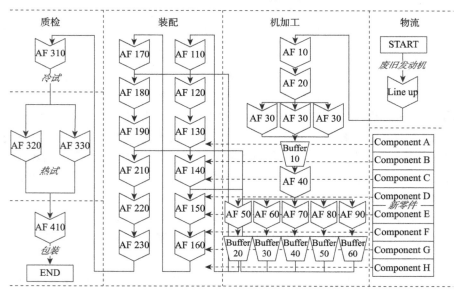

图 3.9　发动机再制造生产线流程草图

3. 数字孪生模型构建

工程师需要两天时间，基于手绘草图在 EVA 平台上构建仿真模型，如图 3.10

所示。这个仿真模型里有一些基本的参数和变量被初始化了，这些参数和变量初始化的参考依据，是旧发动机工厂生产线的物联网数据，以及新工厂概念设计中的特殊工艺的节拍等基准值。

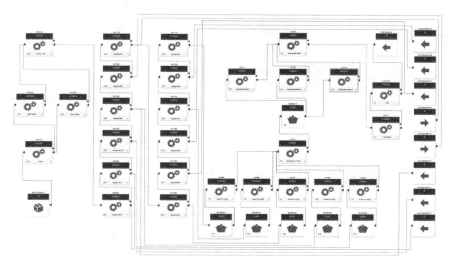

图 3.10 发动机再制造流程的数字孪生模型

EVA 仿真模型只关心时间、效率等核心指标，如平均节拍时间、生产周期内平均性能、MTBF、平均故障恢复时间，以及数据的上下波动区间振幅等数值等。生产线数据通过工业控制盒传递到办公网络中，可以由办公电脑直接收集和计算，也可以通过服务器统一处理之后，再直接将计算过的可以直接用于仿真的数据，通过应用程序接口共享给办公电脑。一些仿真模型参考现有发动机工厂的历史数据，如现有生产线中的加工时间（cycle time，CT）、故障时间和计件数量。

基于物联网数据采集可以和其他工作并行同步开展。工程师在现有的普通发动机工厂生产线控制柜上安装工业控制盒，并连接到预留的 CNC 外接网口上，通过生产线的工业网络和标准的西门子工业数据传递协议，收集到工业控制盒。

图 3.11 显示了从生产线获取物联网数据的现场图。工业控制盒与办公电脑之间通过防火墙和办公网络连接，从生产线获取工业数据，这些原始数据下载到办公电脑之后，再通过统计程序计算得到相应的仿真输入数据。因为涉及平均值和概率区间内上下限的数据计算，工程师须采集一个星期的工业数据。

为了模拟废旧的发动机作为原料供应的不稳定性，该公司参考过去一年的全国市场调查数据。当构建仿真模型的时候，旧的发动机输入源采用有扰动的输入模式而不是均匀稳定速度的输入模式。该输入模式采用一个时间间隔和数量不均

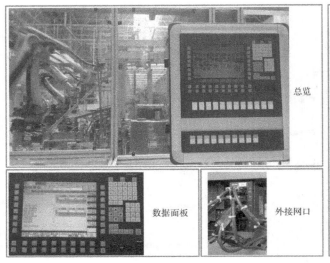

图 3.11   从生产线获取物联网数据的现场图

衡的输入列表，以代表废旧发动机是按不同的时间间隔和批次数量运达工厂的，这种运输形式有周期性的规律，但同时还设定一定的振幅参数，这样供货数量会在指定数量的基础上按照正态分布，在一定的偏差范围内波动，从而实现尽可能符合真实情况的仿真结果。

4. 仿真结果

EVA 模型仿真的原始输出数据是带时间戳的一个序列数据表，其严格按照时间先后顺序，详细地记录所有仿真模型中的单个原子模型的瞬时变化。时间序列表里面每一条记录包含当前作业的原子模型对象、其触发的作业类型、持续时间、操作产品的个数、涉及的上下游和运输通道、时间戳，以及一些累积数量等信息。在这种情况下仿真发动机再制造工厂 200 小时的生产，结果包含大约 60 万个时间序列记录，其中一些记录的样例如表 3.4 所示。为了便于展示，EVA 输出数据中的非重要信息（如对象 ID 号和事件 ID 号等）不在该表中展示。

表 3.4   发动机再制造生产的数字孪生仿真输出

序号	对象类型	对象名称	操作类型	用时/秒	输入件数/件	输出件数/件	时间戳
269393	processor	AF40	processing	138.73	1 381	1 380	305 411.98
269414	processor	AF33	blocked	586.32	494	493	305 411.98
269438	connector	Connection 9	blocked	0	0	1 382	305 421.98

续表

序号	对象类型	对象名称	操作类型	用时/秒	输入件数/件	输出件数/件	时间戳
269439	processor	AF150	processing	820.99	1 729	246	305 422.83
269440	processor	AF150	output item	0	1 729	247	305 422.83
269471	processor	AF150	processing	0	1 736	247	305 422.83
269472	source	Component C	blocked	541.22	0	1 602	305 422.80
269544	buffer	Buffer40	blocked	309.55	271	249	305 543.37
269545	buffer	Buffer40	input item	0	272	249	305 543.37
269546	buffer	Buffer40	blocked	0	272	249	305 543.37
269547	processor	AF33	processing	140.98	495	494	305 552.96
269548	processor	AF33	blocked	0	495	494	305 552.96
269549	processor	AF190	processing	846.02	1 195	238	305 562.94
269550	processor	AF190	blocked	0	1 195	238	305 562.94
269551	processor	AF50	processing	317.46	271	270	305 600.71
269600	processor	AF33	blocked	92.13	495	494	305 645.09
269601	processor	AF33	output item	0	495	495	305 645.09
269621	source	Component C	idle	0	0	1 607	305 662.83
269622	processor	AF80	processing	323.54	273	272	305 664.30
269623	processor	AF80	output Item	0	273	273	305 664.30
269645	connector	Connection 39	blocked	0	0	1 488	305 732.80
269646	processor	AF33	processing	103.22	496	495	305 748.31
269647	processor	AF33	blocked	0	496	495	305 748.31
269648	processor	AF60	processing	326.05	275	274	305 757.87

　　仿真的输出数据将用于推算整体性能指标，如整条生产线的输出能力、仿真周期中的工位、缓冲区和运输线的性能指标，以及生产、等料、预备、堵料和维修料五种不同工况的时间统计。

　　根据 EVA 模型仿真输出的时间序列表，可以分析从仿真开始到结束的完整时间段内发生的情况。每个单元模块在每一时刻所处的状态，包括生产、等料、预备、堵料、维修等情形，在整个时间周期上的分布都可以被详细评估和横向比对。

把相邻上游和下游工序的状态分布放在一起横向比对，可以分析一些操作单元在某些时刻出现闲置的具体原因。例如，在同一个时段内，工作站点 AF 40 一直满负荷运行，而其上游 AF 30 中存在大量堵料情况，其下游 AF 60 中出现大量等料的情况，这种现象通常指示 AF 40 是一个严重的瓶颈工位，需要扩大该工序的生产能力。又如上游工位 AF 90 和下游工位 AF 220 之间的缓冲区 Buffer 60，存在明显的规律性满载和空载的情况，这种现象往往表明缓冲区 Buffer 60 的设计容量存在严重的不足，已经到了影响上下游整体生产性能的程度，因此，在规划方案中应做出调整，增加该缓冲区的容量。

根据 EVA 仿真输出的结果，也可以通过统计的方式计算每个原子模型的摘要信息，如表 3.5 所示。摘要信息报告使用定量数据，准确地表示所规划的生产线模型的各个部件的基本评估结果，包括生产工位、运输线和缓冲区等。仿真生产周期中的整体性能包括当前工位接收的工件总数量，当前工位完成并移交到下一工位的工件总数量，当前工位的统计总生产时间、等料时间、预备时间、堵料时间、维修时间和每个工件在当前工位的平均周转时间。

表 3.5　基于数字孪生仿真输出的摘要信息表（时间值单位：秒）

名称	类型	生产时间	等料时间	预备时间	堵料时间	维修时间	平均周转时间
Line up	processor	110 045.01	67 678.87	57.34	426 396.67	115 822.10	1 192.05
AF 10	processor	288 466.35	37 029.71	61.89	308 280.54	86 161.50	1 214.17
AF 20	processor	346 470.85	344 334.36	62.85	0	29 131.93	249.22
AF 31	processor	485 795.98	37 657.00	5.16	106 171.80	90 370.06	627.18
AF 32	processor	484 043.50	106 715.93	5.20	43 194.31	86 041.05	1 247.83
AF 33	processor	483 980.44	25 958.50	5.02	120 242.1	89 813.94	623.92
AF 40	processor	588 019.61	13 691.38	30.37	0	118 258.63	255.23
AF 50	processor	167 960.34	317 153.47	576.21	0	234 309.98	1 274.34
AF 60	processor	171 776.90	319 058.10	611.81	0	228 553.19	1 276.60
AF 70	processor	167 721.65	312 569.80	614.44	5 654.50	233 439.61	1 276.60
AF 80	processor	172 363.05	252 548.47	617.25	64 344.49	230 126.75	1 276.60
AF 90	processor	173 593.43	202 934.35	619.44	111 468.88	231 383.90	1 278.86

续表

名称	类型	生产时间	等料时间	预备时间	堵料时间	维修时间	平均周转时间
AF 110	processor	432 638.73	97 895.51	28.60	99 431.70	90 005.46	1 323.53
AF 120	processor	409 377.52	177 214.70	28.81	43 535.31	89 843.65	1 328.41
AF 130	processor	404 123.61	226 366.34	29.18	0	89 480.87	1 328.41
AF 140	processor	402 236.72	228 343.42	29.83	263.96	89 126.07	1 328.41
AF 150	processor	399 062.87	232 747.83	28.78	0	88 160.52	1 328.41
AF 160	processor	388 410.08	241 904.58	31.22	0	89 654.12	1 333.33
AF 170	processor	390 010.52	240 784.37	29.87	0	89 175.24	1 335.81
AF 180	processor	382 027.11	247 915.81	29.92	0	90 027.17	1 338.29
AF 190	processor	376 038.12	254 606.68	30.04	0	89 325.16	1 340.78
AF 210	processor	368 123.39	261 942.61	30.54	0	89 903.45	1 340.78
AF 220	processor	362 455.53	264 563.95	30.53	4 166.24	88 783.75	1 340.78
AF 230	processor	351 497.44	256 791.94	30.72	22 271.10	89 408.80	1 343.28
AF 310	processor	160 691.09	339 190.18	590.21	105 216.81	114 311.70	1 343.28
AF 320	processor	471 664.78	134 944.39	257.91	309.01	112 823.91	2 716.98
AF 330	processor	479 042.79	134 222.03	321.71	0	106 413.46	2 666.67
AF 410	processor	373 940.03	166 002.52	57.45	0	180 000.00	1 368.82

　　从表 3.5 的准确统计数据中可以推断，AF 40 站的时间分布比率是生产状态和非生产状态分别占比 81.7%和 16.4%，而作为其上游工位的 AF 31~AF 33 三个工作站点的平均时间分布是生产状态占比 67.3%，堵料状态占比 12.5%，与此同时，作为其下游的 AF 50~AF 90 三个工作站点的平均时间分布为生产状态占比 23.7%，等料状态占比 39%。如果对所有 AF 40 工位相关联的上游和下游工位进行统计，则整个生产车间的 28.92%被等料和堵料的情形都与其有关联，这表明如果要增加生产线的整体产能，AF 40 工位是首选的升级扩容点。通过以图形化的方式显示以上定量的摘要信息，可以更直观地呈现上述问题，便于规划人员更容易找到规划方案的改进点，如图 3.12 所示。

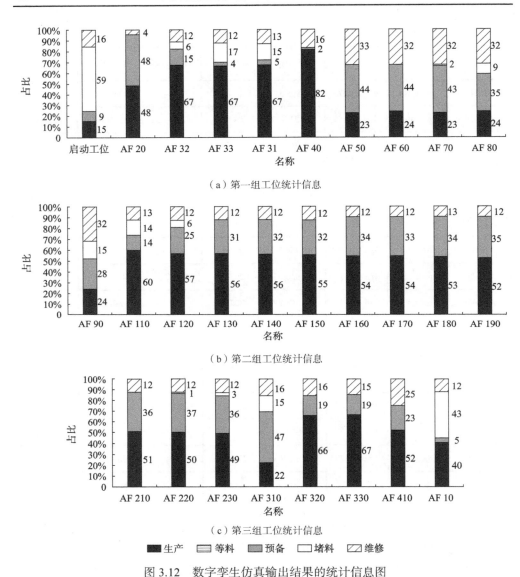

（a）第一组工位统计信息

（b）第二组工位统计信息

（c）第三组工位统计信息

■生产　▤等料　▨预备　□堵料　▨维修

图 3.12　数字孪生仿真输出结果的统计信息图

3.4.3　实例结果和讨论

　　该项目启动后的第二周，工程师提供初步仿真报告，第三周与德国总部的发动机研发和工艺规划专家远程会议讨论该仿真报告。在此基础上德国专家又重新设计了三种新的再制造生产线规划方案。在第四周，所有计划仿真报告都被提交给公司管理层，供规划决策管理委员会参考后做出最终的投资决定。

通过基于 EVA 模型的仿真输出报告，规划人员和工艺专家确定关键指标和主要问题点，并向规划决策委员会做详细的报告。报告内容包括仿真评估的未来工厂投产后生产线整体的性能指标（全线综合产能），也包括各个工位、缓存和运输线在模拟周期内的性能指标，以及五种不同工况的时间分布比例（生产、预备、维修、等料、堵料）。

规划项目组通过数字孪生模型输出报表发现的问题和主要结论如下。

首先，在原始设计方案中，生产线的主要瓶颈是 AF 40 再制造部件的质量检验过程，这个工位将会直接或间接造成整条生产线 28.92% 的等料和堵料时间。因此，对原定规划方案的更新，应当重点考虑对该工艺环节加大投资，增加 AF 40 工位加工设备的数量或提高单个设备的性能指标。

其次，机械加工工艺环节和成品组装环节之间的多个缓冲区容量，即缓冲区20、缓冲区30、缓冲区40、缓冲区50和缓冲区60，它们的负荷能力将无法满足实际生产过程中的需求，这些缓冲区将周期性地出现空载和过载的情况。进一步仿真试验优化后的结果表明，如果所有这些缓冲区和缓冲区上下游运输线的容量都得到合理的提升，在不需要对生产设备进行额外投资的情况下，整个仿真周期内生产线的整体效率也能够提高 8.2%。

最后，用多个不同的再制造工厂车间规划方案的版本输出仿真结果，来帮助规划决策委员会评估，从而分别在不同的约束条件下找到最佳的规划方案。例如，一次性投资最经济的方案、车间面积最小的方案、雇佣人员最少的方案和生产能力最大的方案。在每年的爬坡产能都可以达到投资方要求目标的前提下，工程师通过 EVA 仿真的辅助，分别寻找投资最少、设备占用空间最小和工人编制最少的单项指标最优解。

德国总部和华北工厂的规划人员在此项目后进行评估，对比新的分析方法和传统的工业规划分析方法。对比的结论是和传统规划分析方法相比，这种结合物联网数据和轻量级仿真的数字孪生规划分析方法极大地节约参与分析过程的人力，而且对项目执行者的特殊专业背景的能力要求降低，如工业工程的专业能力和计算机仿真的专业能力。因此采用此方法之后，规划的前期分析工作投入有了显著的减少。

新方法的工作输出成果和传统的规划及仿真方法比较，同样可以提供准确的数据，有效地支持生产线规划的评估工作，用于决策层做出规划决策。德国总部的咨询专家和华北工厂的规划人员评估新方法与传统的工业规划分析方法之后，总结了一个比较结论，如表 3.6 所示。其中传统方法的成本来自有长年规划经验的专家的预测。表 3.6 展示这种 EVA 方法有效地缩短了现场调研时间、建模时间和数据采集时间。整个生产工艺规划项目周期从 70 天减少到 30 天。同时，项目所需要的团队编制和项目人力成本都显著降低，整个规划项目费用总额估算从

150 万元降低到 20 万元，而最终可提交的分析结果的有效性仍可以满足规划工作要求。

表 3.6　使用数字孪生方法进行规划任务前后比较

对比项目	传统规划方式	新规划方式	新方法带来的效率提升
调研和建模时间	30 天	5 天	500%
数据获取和分析时间	15 天	3 天	400%
整个规划项目周期	70 天	30 天	133.33%
规划项目需要核心人员数量	3 人	1 人	200%
对规划人员的专业素质要求	高	中–低	—
需要其他部门协助的人工时	1 000 人工时	180 人工时	455.56%
仿真结论的有效性	有效	有效	—
整个规划项目费用总额估算	1 500 000 元	200 000 元	650%

第4章 生产控制阶段的数字孪生构建方法及应用

4.1 生产控制优化的准确建模和时效性问题

近年来随着智能制造话题中的先进生产控制技术越来越受重视，出现了很多关于通过生产控制优化实现智能制造的研究。工业生产的多种类型的最终产品和复杂的控制变量，导致对生产过程的安全性、稳定性和连续性，以及生产控制瞬时性的高要求。市场需求和生产价格的波动，对制造工业最终产品组合的可控性也提出更高的要求。以流程制造工业中的石化工业为例，其经济效益在很大程度上取决于最终产品的比例和市场价格，因此，炼油厂必须通过不断的技术创新来加强控制最终产品组分的能力。研究如何让机器学习的方法能够适应生产环境的不断变化，用自适应的迭代循环来优化工艺控制过程，对于制造行业具有十分重要的意义。

在特定的行业背景情境下，许多研究讨论生产控制优化的方法。以流程工业为例，Alidi（1996）提出一种基于目标规划方法的多目标优化模型。Wu 和 Bai（2005）讨论了生产计划和短期调度优化问题及实施生产计划和短期调度优化的困难。Saputelli 等（2006）提供了混合模型的实时识别及其在调度和监督控制层面使用的详细信息，并提出一种优化营利能力的决策方法。Yuan 等（2017）认为，通过使用实时和高价值的支持系统，智能制造能够建立一个协调的、以绩效为导向的制造企业，并将炼油和石化行业转变为一个互联的、信息驱动的环境。Qi 和 Tao（2018）讨论了大数据和数字孪生技术在制造业中的应用，认为大数据和数字孪生可以相互补充，因此将它们集成起来可以促进智能制造。上述研究反映了在特定的行业情境下智能制造业的发展，凸显研究方向的未来趋势，但是没有针对制造行业等特定的生产情境，进一步提供实际的生产控制优化方法。

过去的研究对制造行业智能制造的发展进行探讨，但并没有提供进一步实用的生产控制方法。随着物联网等新一代信息技术在工业和制造业中的应用，物理工厂与数字空间的融合加速，通过数字孪生连接物理工厂和虚拟模型为制造行业智能化发展提供了新的可行方向。然而，相对于生产制造业对数字孪生应用和优化模型的这一迫切需求，对数字孪生应用方法和框架的理论研究还处于探索阶段，而且在已有的研究中针对以下具体问题的解决方法仍然鲜见：①来自 IIoT 的时间序列数据有数据量大和数据维度高的特点；②时间序列数据采集时间周期不一致的问题；③生产流程中的不同反应阶段之间会相互影响，然而这些点位上采集的时间序列数据之间的相关性差异很大；④不同点位之间时间延迟问题，也就是一个点影响另一个点滞后的时间间隔各不相同；⑤多数流程制造工业情境下对过程控制的即时性要求很高，如多数流程工业的生产线，需要不断根据实时数据做出瞬时的控制决策。

在过去的智能制造研究中，与生产控制直接相关的系统包括来自四个业务领域的子系统：工业自动化系统、生产管理系统、业务和市场战略系统及模拟和优化系统。从生产控制的角度来看，这些系统之间的传统框架如图 4.1 所示。不同系统域之间的数据和信息通信遵循传统的计划—仿真—执行—控制的事务处理逻辑。仿真和优化技术主要基于专家经验和知识，或者始终参考先前一次性的机器学习的结果。系统中的数据仅用作单方向信息流业务的驱动因素，而未被充分利用来不断迭代改进和更新虚拟工厂模型，以适应生产环境的不断变化。

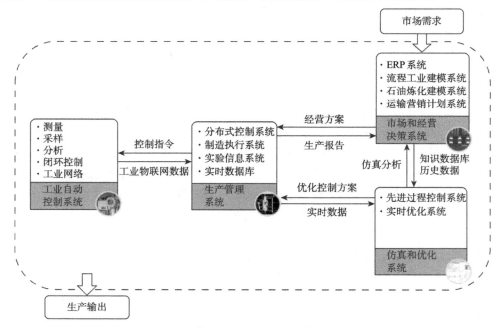

图 4.1　传统的智能工厂生产控制结构

传统的智能制造采用的生产控制优化方法基于机理模型，易于解释和在事后分析因果，然而其存在以下几方面的缺点。

（1）机理模型基于工艺包里面的设计原理和理想情况下的反映或加工参数，是一个理想化的模型。然而现实物理生产线受到的干扰因素非常多，包括原料性质的变化、设备逐渐老化等，不可能严格按照理想情形进行生产。而且类似流程制造中的化工行业，涉及催化裂化等复杂化学反应过程的装置，本身就没有严谨的机理模型。

（2）传统生产控制优化模型是稳态模型，主要基于专家经验和知识构建，或者参考一次性的机器学习的静态结果。也就是说，传统方法的模型是基于一劳永逸的设想而构建的静止不变的模型。传统方法的模型一旦开始在线部署和应用，长时期都不会再更新该模型。事实上只要生产线持续运转，工厂中的各种物理对象都在逐渐发生变化，静态的模型就会不可避免地面临越来越失真的问题。

（3）传统智能制造生产控制优化方法采用的机理模型，要求建模方法是基于可收敛的数学方程。然而现实生产线受到线损耗、物料平衡等因素的影响，导致实际采集到的现场数据通常都无法构建闭环。强行要求结果可收敛，一方面削减模型构建可采用的方法的灵活性；另一方面必然导致模型对真实生产线情况的模拟精度大幅降低。

（4）基于机理的优化模型，本质上是在传统运筹学的求解器上对可解释的闭环模型进行求解，然而现实的很多装置的生产过程，尤其是类似催化装置上的复杂化学反应过程，无法基于传统运筹学进行求解，而只能通过经验进行近似预判。

以上传统生产控制优化方法存在的先天不足，导致过去在工业生产实践中这些方法面临着准确度低、可持续性低等诸多问题。在行业实践中，如先进过程控制系统（advanced process control，APC）、实时优化系统（real time optimization，RTO）等传统生产控制优化系统，普遍存在模型预测的结果较实际情况准确度低的问题，且有大量案例证明这些传统的生产控制优化系统运行多年后，多数模型会因为和实际生产线的偏离越来越大，而导致必须重新启动新项目或弃用的情况。

4.2　生产控制优化数字孪生构建方法

4.2.1　面向智能制造的生产控制数字孪生构成讨论

基于数字孪生的智能化生产控制方法核心是面向制造业的数字孪生实践环，包括以下三个要素。

（1）实体的物理工厂，包括生产单位、芯片、生产服务系统、环境及它们之间的互联。

（2）虚拟数字工厂，包括虚拟模型、仿真、验证算法和数字仿真模型，这些要素用于针对生产和操作过程的模拟与优化目的。

（3）实体的物理工厂和虚拟数字工厂之间的双向映射关系。

基于数字孪生的用于生产控制优化的方法与传统的方法比较具有显著的差异。传统的方法基本上依赖于稳定的专家经验知识或一次性机器学习输出结果，相比之下，基于数字孪生的方法在实体制造工厂和虚拟数字工厂之间建立一种连续的交互过程。在基于数字孪生的生产控制优化框架中，虚拟数字工厂将不断收集物理生产线的实时数据，并利用实时的和历史的大数据进行模型迭代训练、模型验证、择优和模型更新发布，最终目的是为物理工厂的生产控制优化不断提供最有效的反馈。

为了具体说明工业大数据和机器学习系统与其他系统之间的功能边界，图4.2以工业大数据是否可统计和是否可推理两个维度的特征，划分了四个象限并进行说明：①在面向数据为既可统计，又可推理的情况下，即第三象限，对应的系统都为传统的业务驱动型应用系统，包括大多数生产服务系统，以及少数市场和经营决策系统，如 ERP（enterprise resource planning，企业资源计划）、MES、DCS（distributed control system，分布式控制系统）、LIMS（laboratory information management system，实验室信息管理系统）等；②在面向数据为可统计，但不可推理的情况下，即第二象限，对应的系统多数为基于统计规律进行建模的应用系统，包括大多数传统的在线优化系统，以及少数市场和经营决策系统，如 APC、RTO、PIMS（process industry modeling systems，流程工业建模系统）等；③在面向数据为可推理，但不可统计的情况下，即第四象限，对应的系统多数为基于机理模型进行仿真和优化的系统，如 OTS、PetroSim 等；④在面向数据为既不可统计，又不可推理的情况下，即第一象限，则需要用工业大数据和机器学习系统解决。

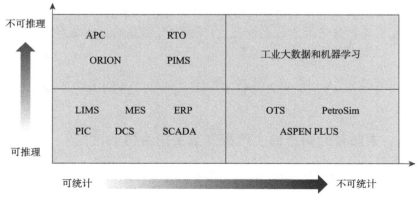

图 4.2　工业大数据特征象限和不同系统之间的区别

与传统研究的智能制造的生产控制方法相比，基于数字孪生改进的生产控制优化方法的设计原则是摆脱机理模型的约束，以提升模型精度和预测准确度为首要目标，在保障控制时效性的前提下，实现基于机器学习的黑箱灵活建模，并且在生产系统的持续运行中能够长期有效地维持虚拟模型与实体工厂运行情况的一致性。

4.2.2　设计基于 IIoT 和机器学习的数字孪生方法

本章根据基于数字孪生改进的生产控制优化方法的设计原则，提出基于数字孪生的生产控制架构。该架构包括提供模型训练数据和驱动实体工厂的业务系统、实体工厂与数字模型之间的持续实时数据交换、机器学习和模型评估，以及生产要素和信息要素的完全集成。以上要素构成用于持续优化和改进生产控制的数字孪生实践环，如图 4.3 所示。IIoT 是在这个框架中实现真实世界和信息世界之间循环互动的重要基础条件。

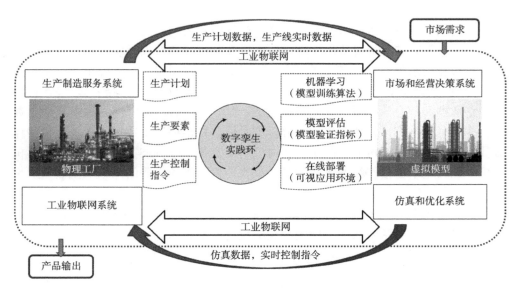

图 4.3　基于数字孪生的制造生产控制架构

用数字孪生实现工业生产控制优化的方法步骤如下：①根据生产工艺的基本框架、生产要素和专家知识，构建工艺运行机理的基本数学框架；②根据现有工业系统和生产经营系统的历史大数据，通过机器学习的方法训练数字孪生模型；③根据综合评价指标，对训练出来的数字孪生模型进行评估、筛选和优化；④将最终优化得到的模型进行在线部署，结合市场需求的输入信息，以及实时的工业大数据在数字孪生模型上模拟的最优解，反馈到工业控制系统指导生产控制；⑤数字孪生模型将根据不断更新和累积的数据，重复进行迭代训练优化，以适应现实工厂环境的持续变化；⑥以上步骤重复进行，形成一个虚拟和现实之间的不断循环，即数字孪生实践环。

4.2.3　生产控制数字孪生的组成要素分析

基于数字孪生架构的生产控制优化方法，需要应用工厂传统的业务驱动型信息系统的支撑，并利用这些系统中的相关数据。下文将数字孪生涉及的组件按照个体主要的类别进行分类介绍，包括生产服务系统、IIoT 系统、市场和经营决策系统、仿真和优化系统，以及工业大数据和机器学习系统。本章节还介绍了这些组件中所包含的数据，以及这些数据在生成用于生产控制优化的数字孪生模型中所起到的作用。

1. 生产服务系统

在制造工业中，生产服务系统是为生产管理和控制目的而设计的，主要包括以下内容：①MES，通过收集、存储、集成和利用处理数据，实现对整个生产过程的实时和动态监控。MES 为数字孪生模型的训练提供生产计划、排程、控制、材料使用、能耗和设备状态数据。②LIMS，是为制造业的实验室整体环境设计的实验室数据和信息管理系统，LIMS 为数字孪生模型培训提供产品和中间质量数据。③实时数据库，是一个查询和分析实时信息并存档历史数据的系统，集中存储数字孪生模型训练所需要的所有实时和历史数据。④DCS，是一种多级计算机系统，包括基于通信网络的流程控制和流程监控，该通信网络用于实现制造业生产线的分散控制、集中操作和分层管理。从广义上来讲，制造业的 DCS 还包括监控和数据采集系统（supervisory control and data acquisition，SCADA），以及 PLC，它们直接控制数字孪生实践环中生产线的反应参数。

2. IIoT 系统

IIoT 系统由在线数据采集系统和用于传输生产过程命令的控制电路组成。制造业的在线数据采集系统由传感和测量系统、工业网络、各种采样和分析系统组成。在线收集和分析系统用于连续或定期测量、计算和检测生产制造过程中化学成分、物理性质和加工精度等信息。现代的 IIoT 系统已经具有一定的边缘计算能力和自动分析功能，通常由以下六部分组成。

（1）在线测量工具。可测量温度、压力、液位、流速、加工精度和产品等级等。

（2）采样、预处理和注入系统。从生产过程中采集代表性样品，使其满足作为在线分析仪进行实时在线分析的样品状态或条件要求。

（3）在线分析仪。分析样品的成分或物理特性，测量加工的精度和产品等级，并将结果转换为可测量的电子信号。

（4）电气和电子电路。作为仪器各部分的电源，控制仪器的工作，放大分析仪发送的电子信号，并向监视器输出电子信号。

（5）监视器和记录器。用于显示和记录表示组件数量或属性的电子信号。

（6）工业互联网。连接生产线、计算机和服务器的数字通信网络。

生产线实时数据获取途径通过以下应用程序编程接口（application programming interfaces，API）方式分类：对象连接和嵌入（object linking and embedding，OLE）、用于流程控制的 OLE 类型（OLE for process control，OPC）和用户界面程序（user interface program，UIP），在生产制造业中主要的数据类型目录及其对应的 API 访问方式如表 4.1 所示。

表 4.1　物联网数据类型和访问 API 方法

数据类型	数据目录	访问 API
材料测量数据	液位、流速、温度和储罐储备等	OLE
能耗测量数据	水、电、气和压缩空气等的能耗	OLE
质量数据	成分、密度、质量和含水量等	OLE
SIS（safety instrumented system，安全仪表系统）锁定数据	泵运行状态信号、联锁旁路信号、联锁动作信号、报警信号、设备振动、位移、速度和油压等	OPC
生产过程数据	温度、压力和进料速度等	OPC
手动数据	手动抄表数据、补偿数据和手动校正数据等	UIP

3. 市场和经营决策系统

制造型企业基于市场和经营决策系统制订生产和运营计划，需要运用包括一系列用于经济规划的软件工具和为特定工业情境建立的原材料评估数据库，如原油切割指标。面向不同的工业生产类型，市场和经营决策系统种类繁多，并且在某一种工业情境下往往就会有多种不同类型的系统，在此章节不详细枚举。仅以流程制造工业中的石化生产工业为例，常见的市场和经营决策系统有以下对象：ERP 系统、PIMS、炼油厂和石化建模系统（refinery and petrochemical modeling systems，RPMS）、广义精炼运输营销计划系统（generalized refining transportation marketing planning systems，GRTMPS）。市场和经营决策系统主要实现以下功能目标：面向制造业进行物质资源、资金资源和信息资源集成一体化管理，利用系统优化上游资源的选择和分配，以跟踪原材料市场变化、预测和分析市场趋势，并通过优化分配和对原料及产品的综合利用，对上下游的协作供应链的原材料选择和运输进行优化。行业的利润和市场建模系统除了和数字孪生系统进行功能对接外，还包括向数字孪生提供模型训练的必要数据，包括原油类型、质量评估、属性、组件、切割、对账、价格、运输和投用情况等数据。

4. 仿真和优化系统

制造工业的仿真和优化系统包括 APC 和 RTO。APC 泛指一种在工业过程控制系统中广泛实施的工艺和技术，旨在为生产流程中的控制提供性能优化以带来经济效益的提升。APC 结合建模技术和更高水平的计算能力，为生产操作带来先进、操作平稳和有价值回报的控制技术手段。RTO 泛指一种综合集成了规划、调度、优化和控制技术手段的集成应用系统。RTO 使用实时在线计算来确定最佳控制指标，并妥善响应各种干扰因素和过程变化信息，不断更新控制指令，它所依据的是目标最优解的快速收敛算法，为工厂提供满足约束条件的在线诊断和操作决策信息。APC 和 RTO 将为数字孪生模型的构建提供先验的知识库，这些知识在数字孪生数据处理和模型训练的步骤中提供有益的参考，而其控制逻辑单元也可辅助用于数字孪生模型的在线部署和生产控制环节。

5. 工业大数据和机器学习系统

工业大数据和机器学习系统包括工业大数据的采集、清洗、筛选、特征工程处理、机器学习建模、模型验证和评估等一系列功能和模块。

工业大数据和机器学习系统中用于数字孪生建模的工业大数据处理方法、数字孪生建模的机器学习算法比较、设计数字孪生模型验证指标三部分内容，分别在 4.3.2 小节、4.3.3 小节、4.3.4 小节详细地展开介绍。

4.3 生产控制优化数字孪生应用

4.3.1 生产控制数字孪生模型构建方法

本章提出一种基于机器学习的方法，来构建用于制造业生产控制优化的数字孪生模型。该方法通过计算机模型模拟的方法，尽可能真实地映射物理生产线的输入输出控制变量，以及模拟生产线的控制参数实时组合的变化对最终产品的影响。该方法有五个主要步骤，包括预备工作和数据采集、数据特征工程、模型训练和验证、模型试运行和优化及模型在线化部署，如图 4.4 所示。

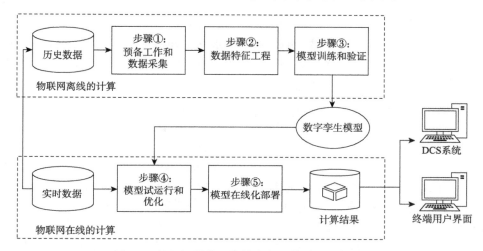

图 4.4　基于机器学习的数字孪生模型的主要步骤

1. 预备工作和数据采集

预备工作包括对真实工厂必要的调研工作，这些工作有助于建模工作人员了解工厂的实际业务模式，包括生产流程和生产控制的逻辑、生产线传递的反馈信息及其意义、各种数据所代表的内容及指标数据变化背后所隐含的重要意义。数据收集不仅包括收集来自生产线 IIoT 系统和传统的业务驱动型系统的数据，用于数字孪生模型的训练，也包括收集在之前的预备工作中所理解的、在业务模型中的数据映射关系的知识。

2. 数据特征工程

数据特征工程包括数据清洗、数据转换及与生产制造工业的特殊性相对应的其他必要步骤，具有以下目标：①统一时间序列数据频率；②解决时间序列数据之间的时间滞后问题；③进行相关性分析并在必要时减少数据维度；④分析自相关和偏自相关的因素，并在必要时重新生成新的稳定时间序列数据；⑤根据现有时间序列数据创建新变量，并在必要时扩展特征指标维度。

3. 模型训练和验证

为了训练和验证模型，收集和转换的数据必须分为两组集合：一组作为训练集，另一组作为验证集。模型训练的目的是基于可获取的数据和当前成熟的数据挖掘算法，用训练指标构建一个精确的映射关系模型。该映射关系模型描述如式（4.1）所示。

$$Y_t = F\left(X_{t\pm\{\Delta\}} + Z_{t\pm\{\Delta\}}\right) \qquad (4.1)$$

其中，Y 是控制目标（因变量）的集合，如预期某种指定终产品的产率；X 是实时可控的独立变量（自变量）的集合，如当前投料的速度；Z 是实时不可控的独立变量（自变量）的集合，如当前输入的原油的性质；$t\pm\{\Delta\}$ 是变量之间存在一定的时间滞后关系。

训练过程包括利用不同的机器学习算法，如随机森林（random forest）、AdaBoost、XGBoost（extreme gradient boosting）、梯度增强决策树（gradient boosting decision tree，GBDT）、LightGBM（light gradient boosting machine）和神经网络等。验证数据组集合将会被用于验证来自不同算法训练得到的不同模型的效果。在大多数情况下，特别是通过集成模型算法（如 Boosting 和 Bagging 算法）的训练得到的最终模型，通过多种评估指标对其输出模型有效性进行验证和评估，但是通常不能通过正式的显性公式的描述来解释其因果关系。在模型评估的实践中，参考准确度、拟合误差（fitting error，FE）和确定系数是评估模型的重要指标。

如果原材料输入量为 I，单位价格为 S，能源消耗值为 E，主要单位的产量为 $Y_1, Y_2, \cdots, Y_n$，相应的市场价格为 $P_1, P_2, \cdots, P_n$，那么综合经济价值 V 就如式（4.2）所示。

$$V = \sum_{i=1}^{n} P_i \times Y_i \times I - I \times S - E \qquad (4.2)$$

在以最大化经济价值为最终目标的控制过程中，用于生产控制目的的机器学习目标通过式（4.3）来描述。

$$\text{Find}\left[X_i\right] \to \max\{V\} \qquad (4.3)$$

4. 模型试运行和优化

试运行步骤使用最新数据在实时的生产环境中测试训练得到的模型，以验证其有效性和安全性。在实际将数字孪生模型在线化部署到生产控制环境之前，这是一个非常有必要的步骤，主要是基于以下两点考虑：第一，在很多工业生产中，尤其是在很多流程制造工业中，安全因素的重要性始终高于其他所有因素，因此训练得到的模型必须通过必要的健康、安全和环境检查才能用于生产控制实践；第二，模型训练所使用的基础主要是历史数据，因此必须在最新的实时数据环境中，重新验证其有效性并做出必要的更新。

试运行之后，需要根据测试结果和工厂生产一线部门的反馈，对模型进行进一步优化后才可投入生产实践。也就是说，在线部署用于控制优化目的的最终模型，是经过验证和优化之后的实际生产线的"数字孪生"模型。

5. 模型在线化部署

在模型在线化部署过程中，最终的数字孪生模型将通过 IIoT 和其他相关系统（如 MES、LIMS 和实时数据库系统）建立连接，以获得必要实时数据作为模型实时寻优的输入数据源。反过来，数字孪生模型通过 IIoT 直接输出控制命令到生产线的自控系统，或通过可视化的用户终端界面，将优化建议信息集成到生产控制管理系统中，向生产操作人员提供优化指导意见，并通过操作人员间接地向生产线输出控制命令。具体应当采用直接还是间接的控制方式，需要根据工业生产情境而具体选择，如对安全性要求较高的工业生产，通常建议采用间接的控制方式，在存在不确定的实验性项目中，也应当采用间接的控制方式。对于安全性风险较低、控制实时性要求较高、优化指令输出频次较高的工业生产情境，则可以考虑采用直接的控制方式。

当数字孪生模型在线部署完成之后，系统将基于数字孪生模型和 IIoT 的实时数据进行连续搜索，寻找最优控制参数集。如果控制过程将经济价值的最大化定义为最终目标，则生产控制的机器学习目标是基于最终的数字孪生模型和实时数据，找到优化的实时控制集。在数据维度很高的情况下，寻优的过程往往会耗费大量的算力和时间，然而有的工业生产情境（如流程制造业中的石油化工的生产线）又对生产控制的即时性有很高的要求，这一类工业生产过程总是需要不断地调整控制点位（如温度、压力和液位）以快速地对 IIoT 反馈的瞬时数据做出响应，这样的情形可能会导致结果最优和满足即时性之间的矛盾。通常，在为优化的控制集选择合适的搜索算法时，重要的是要考虑服务器的计算能力及其平衡，以避免陷入局部最优并确保即时性。有许多搜索算法可以找到最佳控制集，如深度优先搜索（depth first search，DFS）、广度优先搜索（breadth first search，BFS）、网格搜索或粒子群算法。

以上的步骤 1 到步骤 5 不是一劳永逸的单次流程，而是一个重复循环，即实现生产线的持续控制和优化的数字孪生实践环，需要对数字孪生模型进行持续的迭代训练，以满足虚拟数字镜像永远和真实的生产环境保持同步，如图 4.5 所示。在第一轮生产控制数字孪生实践循环中，需要大量的人工干预的工作，因为涉及很多初始化准备和业务理解的工作，但在之后的循环中，大多数的任务都应由计算机在物理工厂的物联网和虚拟信息世界的网络之间自动执行。数字孪生实践环重复的频率，取决于两个因素：一是在当前情境下生产业务的实际要求；二是企业所具备的计算机的运算性能。

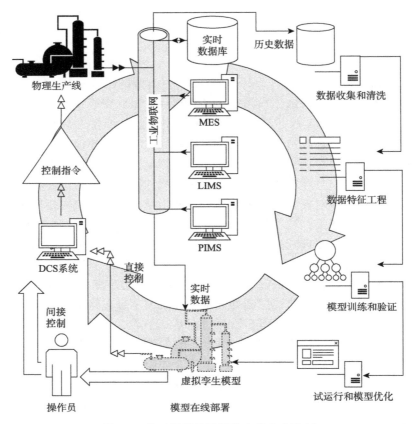

图 4.5　基于机器学习的数字孪生实践环

在工业实践中，以石油炼化工厂为例，一个 500 万吨级的炼化工厂所采集的时间序列数据维度可以达到万级，每周产生的数据量可以达到 TB 级。实践证明在这种数据量背景下，一般的制造型企业自身能够配备的 X86 服务器或小型机，迭代更新一次数字孪生模型需要的运算周期大概为 100 个小时，因此数字孪生模型能实现的更新频次设定为一周一次是可实现的。

4.3.2　数字孪生建模的工业大数据处理方法

从生产线物联网和业务系统收集的原始数据主要是时间序列数据，将通过数据收集和清洗、编码映射、处理异常和丢失数据的基本步骤来处理。在将工业大数据用于训练生产控制优化的机器学习模型之前，针对生产制造行业大数据的特点，通常需要进行几项重要的数据预处理工作，主要包括时间序列数据采样频率的统一、处理多维度时间序列数据之间的时间滞后问题、维度相关性分析和数据降维方法，具体方法说明如下。

1．时间序列数据采样频率的统一

从生产车间物联网收集的数据具有连续的特征。生产线的原始物联网数据通常根据其类型的不同，而使用不同的采样频次进行数据收集。以石化工厂为例，图 4.6 展示了不同数据采集频率的示例，表 4.2 展示了不同指标类型和数据收集周期。因此，为了实现数字孪生的正确建模，需要通过数据的预处理，实现不同数据维度之间的时间序列数据频率统一。将时间序列数据采样频率统一化的方法，包括增加低频率的指标或者缩减高频率的指标。

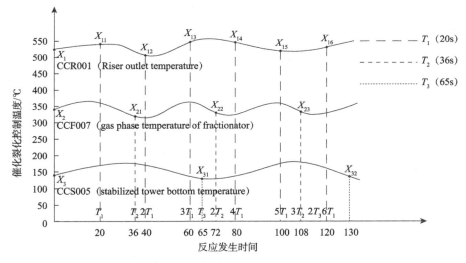

图 4.6　不同数据采集频率的示例

表 4.2　不同指标类型和数据收集周期

类型	具体目录	收集周期
关键控制点	对主机稳定运行产生重大影响的控制点，如反应堆温度和压力及换热器温度，以及对生产安全具有重要影响的监测点，如安全点和报警点	$T_1 \in [5s, 30s]$
常规控制点	除关键控制点之外的其他控制参数，如辅助装置、罐区测量点等	$T_2 \in [30s, 60s]$
一般计量点	物料和公用工程计量点、质量检验数据等	$T_3 \in [60s, 120s]$

生产数据分类包括生产工艺数据、物料计量数据、能耗计量数据、实时数据库质量数据、设备安全联锁数据和手工数据，接口方案包括 OPC 和 API，如表4.3所示。

表 4.3　生产数据分类和接口方案

生产数据分类	数据范围	接口方案
生产工艺数据	温度、压力和流量等	OPC
物料计量数据	液位、流量、温度和罐量等	OPC
能耗计量数据	水、电、气和风能耗数据	OPC
实时数据库质量数据	密度、含水率数据等	OPC
设备安全联锁数据	机泵运行状态信号、联锁旁路信号、联锁动作信号、报警信号。例如，设备振动、位移、转速和开度等	OPC
手工数据	工艺卡片上下限值、手工抄表数据、补偿数据及人工修正的数据等	API

通常可以选择其中一个数据维度作为基准，变换其维度的数据采样间隔频率从而与此基准维度的频率保持一致。这个处理过程在机器学习方法中可以由服务器端进行处理，随着边缘计算技术的发展，该过程在生产线一端就可以被预先进行处理。

以简单线性均值法为例，如果以不同频率收集两组物联网数据 X_1 和 X_2 作为 T_1 和 T_2，并以维度 X_2 为基准，则新数据维度 X_1' 将基于 X_1 生成并与 X_2 的数据采样频率对齐，如式（4.4）所示。

$$\begin{cases} m = \left\lfloor \dfrac{T_3 \times j}{T_2} \right\rfloor \\ X_{1j}' = X_{1m} + \left(X_{1(m+1)} - X_{1m} \right) \dfrac{T_2 \times j - T_1 \times m}{T_1} \end{cases} \tag{4.4}$$

式（4.4）显示了如何根据时间序列数据 X_1 的原始值生成新的时间序列数据 X_1'，并保持数据频率与 X_2 统一。如果 X_1 和 X_2 的频率不同于 T_1 和 T_2，那么频率比 $\dfrac{T_2}{T_1}$ 是在原始 X_1 曲线中找到 X_{1j}' 的新匹配点的一个重要参考比值。首先，找到两个参考值 X_{1m} 和 $X_{1(m+1)}$，它们是 X_1 曲线中 X_{1j}' 点的前后邻域；其次，使用 X_{1m}、X_{1j}' 和 $X_{1(m+1)}$ 之间的时间轴上的距离比，根据加权平均法计算 X_{1j}' 的近似值。

式（4.4）的计算程序用伪代码表示如下。

Input: X_1 and X_2, two sets of time series IoT data; T_1 and T_2, the data collection cycle for X_1 and X_2 respectively

Create a new time series data X_1'

For every X_{2j} in X_2

    Corresponding Time point $T_{2j} = T_2 \times j$

    Search for X_{1m} and X_{1n} in X_1

        where $T = \max \left(T_{1i} \mid T_{1i} < T_{1j} \right)$

             $T_{1n} = \min \left(T_{1i} \mid T_{1i} > T_{1j} \right)$

For every X'_{1j} in X'_1

    $X'_{1j} =$ linear mean $\left(X_{1m}, X_{1n} \right)$

Output：X'_1，a new time series data instead of X_1 in data base

2. 处理多维度时间序列数据之间的时间滞后问题

在多数工业生产过程中，生产过程是不间断的物理和化学反应过程，必须考虑不同反应位置之间发生相互作用的时间滞后性。时间延迟 Δt 描述的是一个生产位置对另一个生产位置的影响不是在瞬时发生的，而是会滞后一定的时间。这种现象对于生产控制造成的影响在流程制造工业中尤其显著，如石油和化工行业。当对这个问题的观察视角从两个工艺点位之间的滞后性扩展到整个生产线中所有工艺点位之间的滞后性，从而考察所有点位之间的两两关系时，则需要用一个规模很大的时间对齐矩阵来描述。

为了解决不同维度时间序列数据的时间滞后分布问题，本章提出多种途径综合的解决方法，具体有如下几种。

（1）在工厂技术文档中已记录的反应过程、参数和时间延迟信息，为构建时间对齐矩阵提供主要信息源。有些工厂已建立的工厂数字化模型提供详细的工程和工艺信息，为获取和计算延迟时间提供更好的信息来源和数据接口。

（2）来自生产一线的先验信息，也是补充时间对齐矩阵的重要参考信息。例如，来自现场操作员或工艺专家的经验。

（3）当时间对齐矩阵被创建好之后，将某一个数据维度（指标）设定为参考基准，并参考时间对齐矩阵的数值，通过在时间轴上前后移动其他维度的时间序列数据，生成新数据维度，并取代原有的时间序列数据，从而实现所有时间序列维度的对齐，如式（4.5）所示。

$$\begin{cases} \text{time\_lag}\left(X_1, X_2 \right) = \Delta t \\ \quad \text{if benchmark} = X_1 \\ \quad \text{then } X'_{2j} = X_{2\left(j + \lfloor \Delta t \rfloor \right)} \end{cases} \quad (4.5)$$

式（4.5）显示了如何根据时间序列数据 X_2 的原始值生成新的时间序列数据 X'_2，并保持相位与 X_1 对齐。如果选择 X_1 作为基准，并且点 X_2 的反应比 X_1 晚 Δt，那么必须沿着时间轴将整个 X_2 曲线"向左"移动 Δt 距离，并使用原始 X_2 序列数据最接近的值作为每个数据采样点的 X_2' 的近似值。

式（4.5）的计算程序用伪代码表示如下。

Input：X_1 and X_2，two sets of time series IoT data；time_lag，a data table contains the time lag corresponding to X_1 and X_2；

Search from time_lag，the time lag between X_1 and X_2 is Δt

Create a new time series data X_2'

For every X_{2j}' in X_2'

    For every X_{2j} in X_2

        $X_{2j}' = x_{2j} + \Delta t$

Output：X_2'，a new time series data instead of X_2 in data base

---

（4）统计误差和经验误差可能导致时间对齐矩阵的误差，因此，式（4.6）中的移动平均值解决方案和式（4.7）中的数据维度扩展解决方案，应当是在数字孪生建模过程中被考虑采纳的有效解决方案，它们的作用是减少时间对齐矩阵中的误差值影响。

$$X_{ij}' = \frac{X_{i(j-n)} + X_{i(j-n+1)} + \cdots + X_{ij} + X_{i(j+1)} + \cdots + X_{i(j+n)}}{2n+1} \quad （4.6）$$

$$\begin{cases} \max error\_expect = \delta \\ \dim ension\_expansion\_multiple = n \\ m \in \left[-\frac{n}{2}, \frac{n}{2} \right], \text{ and } X_{it}^m = X_{i\left(t+\frac{m\times\delta}{n}\right)} \end{cases} \quad （4.7）$$

式（4.7）显示如何扩展数据维度，以降低时间对齐矩阵本身误差所带来的影响。如果时间滞后矩阵的最大误差期望为 δ，并且计划将原始时间序列数据 X_i 扩展为 n 维，那么新维度中的时间序列数据将使用 X_i 的原始值，并且沿时间轴"向左和向右"移动总共 n 次，每步的移动长度为 δ / n。

式（4.7）的计算程序用伪代码表示如下。

Input：δ，maximum error expectation of the time lag matrix；n，dimension expansion multiple；X_i，original dimension data；

Create n new time series data $X_i^{-n/2} \sim X_i^{n/2}$

For every $\ X_i^m\ $ in $\ X_i^{-n/2} \sim X_i^{n/2}$

　　For every $\ x_i\ $ in $\ X_i$

　　$x_i^m = x_i + m \times \delta / n$

Output：$X_i^{-n/2} \sim X_i^{n/2}$, n new time series data instead of $\ X_1\ $ in data base

3. 维度相关性分析和数据降维方法

相关分析用于分析不同指标之间的相关性，皮尔逊相关系数（Pearson product-moment correlation coefficient，PPMCC）如式（4.8）所示，是评估两个指标之间线性相关程度的非常常见的指标。$\rho_{X,Y}$ 的值在−1 和 1 之间，并且其绝对值越高，两个指标之间的相关性越大。这种分析在生产制造业中非常有用，其具体的作用有两个：①直观地分析各个生产节点之间的内部关系；②快捷有效地进行特征选择。

$$\rho_{X,Y} = \frac{\mathrm{cov}(X,Y)}{\sigma_X \sigma_Y} = \frac{\sum_{i=1}^{n}\left(X_i - \bar{X}\right)\left(Y_i - \bar{Y}\right)}{\sqrt{\sum_{i=1}^{n}\left(X_i - \bar{X}\right)^2}\sqrt{\sum_{i=1}^{n}\left(Y_i - \bar{Y}\right)^2}} \tag{4.8}$$

制造工业的 IIoT 通常具有数据采集点密度高、频次高的特点，因此，可用于机器学习的数据量很大。这种因素一方面有助于提升机器学习的准确性；另一方面也带来了巨大的计算负荷，直接影响结果输出的时效性。针对此问题设计的解决方法是使用 PPMCC 生成相关矩阵图，作为分析高维数据的可视化方法，然后从中筛选和控制目标相关性高的维度，以及削减自变量指标中特征高度一致的重复数据维度。

4.3.3　数字孪生建模的机器学习算法比较

生成数字孪生模型的方式包括基于可解释反应原理的机理模型、基于规律的深度学习模型，以及介于二者之间的灰度模型。为了适应制造业环境中复杂且难以用方程式解释机理的生产反应过程，需要组合使用基本的回归算法和集成算法通过工业大数据训练数字孪生模型。回归算法包括分类回归树（classification and regression tree，CART）和决策树等（杨涛，2016；Kadiyala and Kumar，2018）。集成算法包括随机森林（Svetnik et al.，2003）、AdaBoost（Bauer and Kohavi，1999）、支持向量机（Lin，2002）、神经网络（Zhang，2013）和 XGBoost、GBDT、LightGBM 等各类改良算法等（Sakhnovich，2010；Wang et al.，2017；Ke et al.，2017）。机器学习算法已被很多领域的学者进行充分研究和应用，算法的优缺点有较多研究成果。

当数据集样本量和样本维度较大时，算法的预测时间较长。因此，需要确定最优算法组合及数据权重分配。在数字孪生实践环中，在初始轮的模型训练和验证任务中包括算法组合与数据权重分配的测试和比较，以寻找在特定工业情境下的最佳的初始化配置。以下是对数字孪生模型训练过程中不同机器学习算法的功能和特点的简单说明。

CART 算法在数字孪生的训练中，主要使用其回归树算法，其作为分类决定的回归函数增益值 Gain 计算的方法，如式（4.9）所示，增益值是模型训练过程的主要控制参数。CART 的树分裂目标是最小化每个节点中的增益值：R_1 和 R_2 是每个节点中的两个分裂分支，c_1 和 c_2 是两个分裂分支的返回回归值。

$$\text{Gain}=\sum_{i\in I}\sigma_i = \sum_{i\in R_1}\left(y_i - c_1\right)^2 + \sum_{i\in R_2}\left(y_i - c_2\right)^2 \qquad （4.9）$$

随机森林是一种代表性的 Bagging 算法，从数据中随机抽取样本和特征来训练几个不同的决策树，并对所有树的预测结果进行平均，形成"森林"模型。AdaBoost 是一种可以训练一组弱学习模型 $\{h_1(x), h_2(x), \cdots, h_T(x)\}$，并按权重组合它们以生成一个强学习模型的代表性 Boosting 算法，如式（4.10）所示。AdaBoost 在开始时为每个样本分配一个相等的权重值，并根据每次计算迭代中的误差记录调整每个样本和每棵树的权重。

$$H(X) = \sum_{t=1}^{T} a_t h_t(x) \qquad （4.10）$$

有学者提出以下三种改进的 Boosting 算法。与 AdaBoost 算法相比，它们具有不同的特征和性能。

（1）GBDT 集成了回归树，用于预测和分类。它通过总结所有树的结论得出其最终结论，核心概念是每棵树学习所有先前树结论之和的残差（负梯度），这是添加预测值后真实值的累积量。GBDT 的算法流程如算法 1 所示，其中涉及的变量含义如表 4.4 所示。

算法 1：GBDT

输入：数据集 $S = (x_i, y_i)_{i=1}^{n}$；迭代次数：M；损失函数：$L(y_i, f(x_i))$；学习效率：$\alpha(0 < \alpha < 1)$；叶子节点数：T

输出：$\hat{f}_M(x)$：预测模型

初始化：初始化训练模型为常数

$$f_0(x) = \arg \min_{\theta} \sum_{i=1}^{n} L(y_i, \theta)$$

循环操作：For $m=1$ to M do

第一步：计算梯度 $\hat{g}_m(x_i)$

$$\hat{g}_m(x_i) = -\left[\frac{\partial L(y_i, f(x_i))}{\partial f(x_i)}\right]_{f(x)=\hat{f}_{m-1}(x)}, i=1,2,3,\cdots,n$$

第二步：计算信息增益 Gain，通过最大化分裂后信息增益确定分裂点，得到新的叶子节点区域 R_j，$j=1,2,3,\cdots,T$

$$R(\hat{f}_m) = \sum_{j=1}^{T}\sum_{i\in I_J} L(y_i, \hat{w}_j)$$

$$\text{Gain} = \hat{R}(\hat{f}_{\text{before}}) - \hat{R}(\hat{f}_{\text{after}})$$

第三步：计算 T 个叶子节点的权重
$$j = T$$

$$\hat{w}_{jm} = \left\{w_j\right\}_{j=1}^{j=T} \overset{\arg\min}{\sum_{i=1}^{n}} L\left(y_i, \hat{f}_{m-1}(x_i) + w_j I(x_i \in \hat{R}_{jm})\right)$$

$$j = 1$$

第四步：更新模型

$$\hat{f}_m(x) = \hat{f}_{m-1}(x) + \alpha\sum_{j=1}^{T}\hat{w}_{jm}I(x_i \in \hat{R}_{jm}), \; j=1,2,3,\cdots,T$$

输出模型：$\hat{f}(x) = f_M(x)$

表 4.4　GBDT 中变量及含义

变量	含义
S	数据集
M	迭代次数
L	损失函数
α	学习效率
T	叶子节点数
N	样本个数

续表

变量	含义
$\hat{f}$	预测模型
$\hat{g}$	梯度
J	第 j 个叶子节点
i	第 i 个样本点
R	叶子节点所含区域
n_{jm}	落在区域 R_{jm} 中的样本点 x_i
I	表示属于区域 R 的样本点的序号
θ	损失函数参数

（2）XGBoost 是一种改进的 GBDT，其模型复杂度由修剪方法控制，用于树节点拆分的公式包括收缩和列子采样。它使用预先排序的算法来减少模型中的方差，简化学习模型，防止过度拟合。

（3）LightGBM 是微软亚洲研究院和北京大学的学者于 2016 年提出的一个开源的 GBDT 框架（Ke et al.，2017），该算法是在 GBDT 算法基础上的改进，采用以学习为基础的决策树。LightGBM 使用基于树的学习算法，旨在实现 GBDT 分布式和高效性，具有更快的培训速度、更高的效率、更高的准确性和更低的内存使用率。它使用直方图算法，从而加快构建速度，并且能够处理大规模数据。该算法支持工业界海量级数据的训练，有效平衡训练速度和算法精度。

Kadiyala 和 Kumar（2018）通过预测二氧化碳的浓度，对比 GBM（gradient boosting machine）、LightGBM、XGBoost 和 AdaBoost 四种机器学习算法，结果表明 XGBoost 算法有较好的预测结果。Xie 等（2018）研究识别图片情绪的问题，并将 LightGBM、XGBoost 和随机森林三种算法叠加到识别模型中进行特征学习，数据集测试结果表明该模型的平均识别正确率达到 77.19%，高于一般模型。

4.3.4　设计数字孪生模型验证指标

为了评估不同算法的收敛速度并观察收敛过程，可采用拟合误差指数，如式（4.11）所示。通过曲线显示 FE 的真实值和绝对值，以比较不同算法的效率。

y_i 是训练数据组的真实值，$\hat{y}_1$ 是预测值。FE 的绝对值越小越好。

$$FE = \frac{\log_2\left(1+\hat{y}_1\right) - \log_2\left(1+y_i\right)}{\log_2\left(1+y_i\right)} \tag{4.11}$$

数字孪生模型是通过不同的机器学习算法和训练数据组训练的。未被用于模型训练的数据集称为验证集，通过验证集和合理的评估指标，可以比较不同模型的质量并找到最优模型，即用于生产控制的数字孪生模型。数字孪生模型将结合实时 IIoT 数据进行模拟和寻优，并为生产线控制提出优化方案。

为了全面评估数字孪生模型的质量，本章设计采用以下四个评估标准进行多维度的综合评估，包括模型准确率（model accuracy ratio，MAR）、均方根误差（root mean square error，RMSE）、方差解释率（variance interpretation rate，VIR）和 PPMCC。指标的计算见式（4.12）~式（4.15）。参考介绍数字孪生模型的基本概念中的式（4.1），在式（4.12）~式（4.15）中，y 是控制目标（因变量），如指定产品的产量，x 是预测标签（自变量）。y_i 是验证数据组的真实值，$\bar{y}$ 是平均值，$\hat{y}_1$ 是训练模型计算的预测值。

$$MAR = 1 - \frac{\sum_{i=1}^{n}\left|\dfrac{y_i - \bar{y}_1}{y_i}\right|}{n} \tag{4.12}$$

式（4.12）是 MAR 的计算公式，它是 1 和一阶偏差率之间的差值。MAR 可以反映预测结果与实际值之间差异的偏差。MAR 越大越好，最大值为 1。

$$RMSE = \sqrt{\frac{\sum_{i=1}^{n}\left(y_i - \hat{y}_1\right)^2}{n}} \tag{4.13}$$

式（4.13）是 RMSE 的计算公式，RMSE 是基于实际值和预测值之间的二次距离，被用来评估回归模型的性能。RMSE 越小越好，最小值为 0。

$$VIR = 1 - \frac{\sum_{i=1}^{n}\left(y_i - \hat{y}_1\right)^2}{\sum_{i=1}^{n}\left(y_i - \bar{y}\right)^2} \tag{4.14}$$

式（4.14）是 VIR 的计算公式，由确定系数进行变换。在生产制造工业中，目标预测值通常在远小于其绝对值的范围内波动，这种情况下往往会导致即使是拿平均历史值的随机预测，也将看起来具有"非常好"的 MAR 准确度水平。因此，使用 VIR 指数来评价模型预测优于随机预测的程度。当该值大于 0 时，模型预测的效果优于随机预测。VIR 越大越好，最大值为 1。

$$PPMCC = \frac{\sum_{i=1}^{n}(x_i - \overline{x})(y_i - \overline{y})}{\sqrt{\sum_{i=1}^{n}(x_i - \overline{x})^2}\sqrt{\sum_{i=1}^{n}(y_i - \overline{y})^2}} \tag{4.15}$$

式（4.15）是 PPMCC 的计算公式，用于测量两个变量的线性相关性。对于模型预测性能评估情况，PPMCC 表示预测值与实际值之间的一致性程度。PPMCC 越大越好，最大值为 1。

为了给操作人员提供具有可操作性的优化建议，通常需要选择有限个数的控制指标，可使用算法本身自带的重要性指标作为依据，对诸多可控指标的重要性进行排序。例如，在使用 LightGBM 算法训练数字孪生模型的过程中，算法会自动计算重要性指标，这个指标体现每个数据维度导致模型的总信息增益增加的重要性，并在模型最终形成后以指数形式对应在每个数据维度上。在使用回归模型的情况下，每一次分叉的信息增益相当于特定表现指标损失的减少值，如均方误差的减少。假设 LightGBM 算法在构造模型的过程中使用回归模型，其中 X_α 特征被调用了 n 次，并且每次第一阶的增益是 g_i，则该特征的重要性指标 I_α 可以由式（4.16）表示。

$$I_\alpha = \sum_{i=1}^{n} g_i \tag{4.16}$$

4.4　生产控制数字孪生应用实例

4.4.1　实例背景

MAYA 工厂位于中国北方，成立于 2014 年，拥有 600 万吨/年的常减压装置、200 万吨/年的联产芳烃催化裂化（mitigatory conversion cracking，MCC）装置、180 万吨/年的焦化装置和 180 万吨/年的柴油加氢装置，如图 4.7 所示。主要产品有汽油、柴油、液化石油气、丙烷、丙烯、石油焦、油浆、石脑油和硫酸。

MAYA 工厂的生产流程由控制大厅内部的操作员控制。不同的控制大厅共有 120 个操作位置，每个内部操作员从生产线上观察数十个实时过程控制指标。他们的操作是对监控信息的回应，并且根据预定义的操作程序、指定的有限范围和个人经验来完成。

2016 年以来，MAYA 工厂面临市场需求和价格波动带来的挑战，这些挑战迫切需要更具竞争力的生产控制，特别是在不同产品的组件产量方面。2017 年底，MAYA 启动一个智能制造项目，其目标是通过机器学习提高产量控制能力。选择

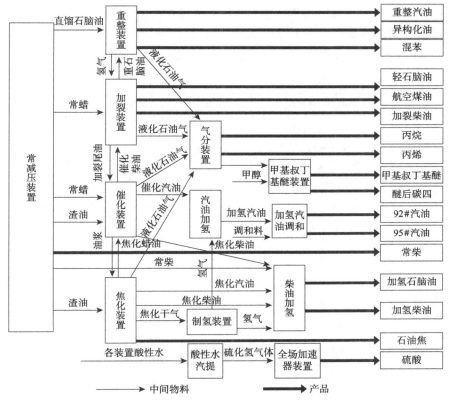

图 4.7　MAYA 工厂的生产单元和流程

催化裂化装置作为试点项目的目标装置，工厂操作人员通过基于机器学习的控制优化方法设定了提高轻质油（汽油和柴油）产量的主要目标。

4.4.2　实例过程分析

1. 业务分析

催化裂化装置是石化生产线的重要组成部分。作为典型的反应再生系统，其生产过程可以简化，如图 4.8 所示。

图 4.8　催化裂化装置的主要生产流程

催化裂化装置的过程包括 5 个主要设施和 40 个控制点，如表 4.5 所示。该实例的优化控制目标是提升装置生产最终输出轻质油的产量比例。

表 4.5　MAYA 工厂催化裂化装置的控制点

序号	设施	控制点	代码	单位	控制阈值
1	反应	提升管出口温度	CCR 001	摄氏度	505~525
2		原料入口温度	CCR 002	摄氏度	≤300
3		预提升蒸汽流量	CCR 003	蒸吨	≤2.3
4		沉降槽压力	CCR 004	兆帕	0.150~0.190
5		再生器压力	CCR 005	兆帕	0.180~0.220
6		双设备压差	CCR 006	千帕	30~50
7		分离单元储存量	CCR 007	太字节	25±10
8	热工	油气分离器液位	CCF 001	—	10~30
9		油气分离器边界位置	CCF 002	—	30~50
10		柴油分离塔液位	CCF 003	—	40~60
11		底层分馏塔	CCF 004	—	30~70
12		密封罐液位	CCF 005	—	55~80
13		分馏器液温	CCF 006	摄氏度	≤365
14		分馏塔气相温度	CCF 007	摄氏度	370~400
15		分馏塔顶压	CCF 008	兆帕	0.12±0.02
16		分馏塔顶温	CCF 009	摄氏度	120±10
17		产品浆料到罐温	CCF 010	摄氏度	≤120
18		产品浆料到焦化温度	CCF 011	摄氏度	90~150
19		柴油运输温度	CCF 012	摄氏度	≤65
20	稳定	V1302 液位	CCS 001	—	30~50
21		V1302 边界位置	CCS 002	—	30~50
22		V1303 液位	CCS 003	—	20~50
23		吸收塔顶温	CCS 004	摄氏度	40±10
24		稳定的塔底温度	CCS 005	摄氏度	165~180
25		稳定的塔顶温度	CCS 006	摄氏度	50~65
26		重吸收塔顶压力	CCS 007	兆帕	0.8±0.2
27		V1303 压力	CCS 008	兆帕	≤1.0

续表

序号	设施	控制点	代码	单位	控制阈值
28	热工	除氧器液位	CCT 001	—	60~80
29		中压过热蒸汽温度	CCT 002	摄氏度	≥380
30		中压桶压	CCT 003	兆帕	3.8±0.3
31		中压桶液位	CCT 004	—	30~60
32	机组	主风机润滑油压力	CCM 001	兆帕	0.26~0.38
33		主风扇润滑油温度	CCM 002	摄氏度	35±5
34		涡轮增压器润滑温度	CCM 003	摄氏度	40±5
35		气压润滑温度	CCM 004	摄氏度	35±5
36		气动出口压力	CCM 005	兆帕	0.8~1.5
37		气动中间液位	CCM 006	—	≤40
38		气动入口液位	CCM 007	—	≤20
39		燃气轮机出口温度	CCM 008	摄氏度	510~540
40		主扇出口压力	CCM 009	兆帕	0.24±0.02

注：1 蒸吨=0.7 兆瓦

从生产线在线分析和计量仪器仪表，以及其他的在线系统一共能收集到 410 个指标可能影响控制目标，这 40 个可控制的点位也属于这 410 个指标的组合，因此，还有 370 个指标属于不可控制的类型。

根据本章设计的方法，利用机器学习技术获得数据并训练模型 F，目标使模型 F 能够最准确模拟实际工厂的物理环境。根据式（4.1），用于生产控制优化的数字孪生模型构建的基本公式为 $Y_t = F\left(X_{t\pm\{\Delta\}} + Z_{t\pm\{\Delta\}}\right)$，具体在本实例中，$Y$ 是轻质油的产量，X 是 40 个可控制的点位，Z 是另外 370 个不可控指标。

当模型被训练完成后，将在线部署作为数字孪生的信息镜像部分，以根据来自生产线的实时数据进行模拟，并不断地提供实时控制优化建议。

2. 工业大数据处理

获取必要的历史数据后，执行以下操作。

（1）将指标 CCR 001 设置为数据采样频率基准，数据采集间隔为 $T_1 = 30$ 秒，并根据式（4.4）统一所有其他指标的数据采样频率标准。

（2）创建时间对齐矩阵，将指标 CCR 001 定义为时间轴基准，并根据式（4.5）~ 式（4.7）解决时间滞后分布的问题。

（3）用相关性分析方法分析指标与选择特征之间的内在联系。

使用 PPMCC 作为分析高维数据的相关显著性的方法，用于生成相关矩阵图，关注与最终产量目标密切相关的指标，并剔除相关性弱的指标及明显两两之间存在高度相关性的冗余指标，从而控制数据维度，保留有效指标，进而达到提高模型训练效率的目的。最终，将数据维度从 410 个减少到 100 个，以提高机器学习效率。

3. 数字孪生模型训练和评估

本书采用的数据来自项目企业内部的实时数据库，其中包含以下系统的历史和实时数据：MES、LIMS、PIMS。该系统分别以 2018 年 1 月 26 日、2 月 9 日和 2 月 24 日三个时间点为基准，取其前 7 个月的数据集作为训练集，后 15 天的数据作为测试集，对数据按秒进行融合。

每个点数据频度间隔为 15 秒，采集了催化装置 309 个工艺点数据，每个点的数据从 2 712 959 条到 6 042 241 条，数据量共计 3×10^9 条。部分训练数据样本如表 4.6 所示，该数据集描述了参数取不同值情况下汽油的产量，自变量是质检和控制参数，即 TIC 101（提升管出口温度）、TIC 114（原料入口温度控制）、PDIC 115（二再滑阀压降）、PIC 102（一再顶压）、LIC 103（一再料位），因变量为汽油产量。

表 4.6 部分训练数据样本（开始时间为 2018 年 1 月 26 日）

时间	提升管出口温度/摄氏度	原料入口温度/摄氏度	预提升蒸汽流量/蒸吨	汽提蒸汽（中）流量/蒸吨	汽提蒸汽（上）流量控制/蒸吨	回炼油入提升管流量/蒸吨	一二再顶差压/千帕	一再顶压/兆帕	汽油产量/蒸吨
2018 年 1 月 26 日 12：59	521.17	206.51	0.798 8	−0.817 7	−1.016 122 1	16.062 3	56.18	−1.639 1	61.512 494
2018 年 1 月 26 日 13：59	524.23	210.03	0.801 0	2.211 7	2.009 095 8	19.192 7	59.23	1.386 6	66.824 902
2018 年 1 月 26 日 14：59	523.88	209.81	0.801 8	1.870 2	1.672 592 2	18.846 4	58.93	1.049 0	66.974 401
2018 年 1 月 26 日 15：59	522.97	208.91	0.798 7	0.990 5	0.792 549 7	18.059 2	58.03	0.169 7	63.112 930
2018 年 1 月 26 日 16：59	523.64	209.71	0.800 3	1.685 6	1.485 068 3	18.702 0	58.72	0.862 9	66.588 810
2018 年 1 月 26 日 17：59	524.32	210.43	0.802 6	2.410 9	2.208 569 8	19.428 5	59.43	1.586 3	67.645 630

续表

时间	提升管出口温度/摄氏度	原料入口温度/摄氏度	预提升蒸汽流量/蒸吨	汽提蒸汽（中）流量/蒸吨	汽提蒸汽（上）流量控制/蒸吨	回炼油入提升管流量/蒸吨	一二再顶差压/千帕	一再顶压/兆帕	汽油产量/蒸吨
…	…	…	…	…	…	…	…	…	…
2018 年 1 月 26 日 21：59	524.18	207.96	0.801 6	0.259 1	0.056 341 6	17.663 9	57.29	−0.565 7	62.065 384
2018 年 1 月 26 日 1：59	524.28	208.55	0.799 2	1.060 2	0.857 010 7	17.903 4	58.10	0.237 7	63.410 809
2018 年 1 月 26 日 2：59	523.15	207.39	0.801 3	0.170 4	−0.029 024 4	16.758 1	57.20	−0.652 7	61.935 318
2018 年 1 月 26 日 3：59	523.98	208.06	0.803 0	1.045 6	0.841 490 2	17.600 4	58.06	0.216 1	63.110 603

为了训练仿真模型，分别采纳四种当前主流的先进算法（包括随机森林、AdaBoost、XGBoost 和 LightGBM），用同样的历史数据集进行训练。在训练完成后，又采用同样的验证集对训练得到的模型进行验证，以横向比较不同算法训练得到模型的准确性、理论优化提升率等性能指标。

为了控制算法比较实验的公平性，本章实例进行了三个批次的对照组实验，随机选择工厂历史数据的三个时间点作为训练参考点，四种算法在每个批次内用同样的训练集和验证集数据，进行三次模型训练和性能比较，以充分比较算法之间的效果差异。考虑到在实例工厂中，生产环境和输入原料会周期性地持续变化，但在较短时间周期内，如两三个月的时间跨度内，设备状态和输入原料的性质一般相对比较稳定，所以每个批次采用两个月的历史数据为训练组，紧接着之后的 15 天的历史数据是验证组。每个批次采用的历史数据起点间隔是随机的，但要求至少间隔 20 天以避免两批数据过于相似。

为了直观地评估预测效果，用式（4.11）计算 FE，最终的结果表明 LightGBM 在预测效果方面优于其他算法，如图 4.9 所示。

为了全面评估模型质量，选用 XGBoost 算法、AdaBoost 算法和随机森林算法与 LightGBM 算法做对比实验，并选择四个评估标准：MAR、RMSE、VIR 和 PPMCC，它们分别使用式（4.12）～式（4.15）计算四种算法的模型准确性和有效性，并且通过验证集还可进一步推算在该模型的优化效果下，理论上目标值可提升的增长率，表 4.7 是各项评估结果的对比。

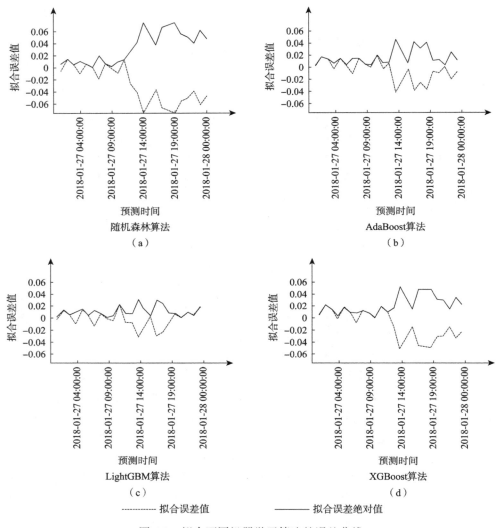

图 4.9　拟合不同机器学习算法的误差曲线

表 4.7　模型准确性、有效性、理论增长率对比（2018 年）

算法	随机森林算法结果			AdaBoost 算法结果		
开始时间点	1 月 18 日	2 月 8 日	3 月 1 日	1 月 18 日	2 月 8 日	3 月 1 日
MAR	97.15%	97.90%	98.55%	97.53%	97.94%	98.22%
RMSE	0.018 0	0.012 2	0.008 7	0.014 6	0.012 3	0.010 2
VIR	0.440 3	0.431 6	0.870 3	0.631 9	0.421 9	0.822 1
PPMCC	0.638 7	0.746 6	0.832 3	0.564 1	0.748 6	0.757 3
理论收率提升	0.002 3	0.004 8	0.002 7	0.003 1	0.002 6	0.001 5

算法	LightGBM 算法结果			XGBoost 算法结果		
开始时间点	1 月 18 日	2 月 8 日	3 月 1 日	1 月 18 日	2 月 8 日	3 月 1 日
MAR	98.11%	98.20%	98.65%	98.06%	98.18%	98.36%
RMSE	0.011 1	0.010 4	0.007 7	0.011 1	0.010 8	0.009 1
VIR	0.787 2	0.585 4	0.897 5	0.787 9	0.554 6	0.856 4
PPMCC	0.773 7	0.770 0	0.849 7	0.750 0	0.766 0	0.794 2
理论收率提升	0.005 3	0.004 6	0.001 6	0.000 6	0.001 9	0.000 8

从表 4.7 可以看到，LightGBM 算法和 XGBoost 算法的 MAR 较高。LightGBM 算法的 VIR 较高，和 XGBoost 算法不相上下。从汽油的理论收率提升来看，2018 年 1 月 18 日作为开始时间点，LightGBM 算法结果最优，汽油产量优化率达到 0.53%。开始时间为 2018 年 2 月 8 日，LightGBM 算法和随机森林算法取得的结果较好。总体来说，LightGBM 算法和 XGBoost 算法结果较好，随机森林算法次之，表 4.7 所示结果表明，LightGBM 算法训练的模型在预测精度和综合性能方面优于其他算法，因此，选择 LightGBM 作为"数字孪生"模型的基本训练算法。

4.4.3　实例结果和讨论

出于安全性和可操作性的原因，机器学习模型通过与 MES 在线集成的方式部署。而且数字孪生只提供作为实时优化的建议控制信息，对生产系统的控制首先由操作员查看实时优化建议后进行手动操作，而不是由数字孪生直接自动控制 DCS。为了给操作员提供可操作的优化建议，在这个试点项目中，选择五个最重要的优化控制指标。根据式（4.16），在 LightGBM 算法下对数字孪生模型训练过程中指标的重要性进行打分和排序，得到五个最重要控制变量，如表 4.8 所示。

表 4.8　MAYA 工厂催化裂化装置的优先选择控制点

序号	指标	代码	I_α
1	提升管出口温度	CCR 001	3 873.97
2	分馏器的液温	CCF 006	3 756.94
3	稳定的塔底温度	CCS 005	322.59
4	沉降槽的压力	CCR 004	186.36
5	再生器压力	CCR 005	104.77

　　为了验证数字孪生模型在线部署后的效果，本实例进行了 3 批次实验。每个批次周期内都尽可能保持原油类型和生产环境相对稳定，每次实验周期持续四周，前 2 周为对照组，后 2 周为验证组。对照组要求现场操控工艺人员根据其最佳实践经验，使用传统的生产控制方法连续生产 2 周，验证组紧随着对照组之后，要求现场操控工艺人员采纳来自数字孪生模型的优化建议，再连续生产 2 周，然后比较前后两组轻质油的收率。

　　表 4.9 所示的实验结果表明，新方法可以有效地将轻质油的产率提高 0.2%和 0.5%。使用独立样本 t 检验来验证增长的显著性，结果显示在实施新方法后所有这三种布料方式都显著增加。图 4.10 显示在相同生产环境设定下，当进料模式为精制蜡油的时候，工艺参数采用数字孪生优化建议之前和采用优化建议之后的轻质油收率的比较。

表 4.9　轻质油产率的实验结果（2018 年）

序号	进料	对照组	对照组收率	实验组	实验组收率	收率增加	t 值
1	精制蜡油	6 月 3 日~6 月 16 日	48.25%	6 月 17 日~6 月 30 日	48.77%	0.49%***	−9.152
2	精制蜡油+尾油	7 月 1 日~7 月 14 日	46.18%	7 月 15 日~7 月 28 日	46.36%	0.18%***	−4.692
3	精制蜡油+凝析油	8 月 4 日~8 月 17 日	46.81%	8 月 18 日~8 月 31 日	47.13%	0.32%***	−7.130

***表示 $P < 0.001$

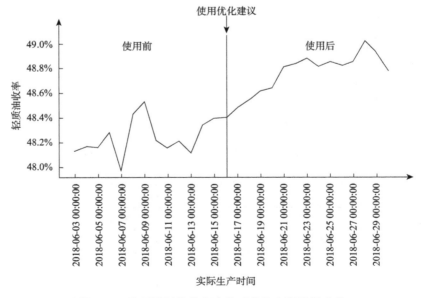

图 4.10　使用控制优化方法前后的收率曲线图比较

通过在该石化企业年加工处理能力 110 万吨的催化装置上验证核算，如果汽油收率提升 0.5%，去掉低价值产品此消彼长和能耗增加产生的损耗，每年仍可产生净效益 986 万元。可以看出，汽油收率提升很小的百分点即可为企业带来巨大的经济效益。因此，数字孪生方法的应用，对炼油厂高价值产品收率寻优带来显著的能力提升，相对传统技术手段可以显著提高企业生产效益。

第5章 流程再造阶段的数字孪生构建方法及应用

5.1 流程再造精益方法的精确度和可行性问题

制造业中小企业面临着全球化和新兴技术带来的机遇和挑战，在新一轮的产业革命中面临着更加激烈的竞争环境。因此制造型企业迫切需求快捷有效的方法和工具，来优化提升企业竞争力。

传统精益生产的理念非常适用于工业规划情境下对生产过程的流程改进工作。精益方法关注以下生产过程中可以提升和改良的环节：不良/修理的浪费、过分加工的浪费、动作的浪费、搬运的浪费、库存的浪费、制造过多/过早的浪费、等待的浪费及管理的浪费。因此精益方法是企业决策者、生产部门、规划人员、供应商及顾客发现浪费、寻找问题根源的沟通工具。以 VSM 为例，VSM 是精益生产系统框架下的一种用来描述物流和信息流的形象化工具，使用可视化技术描述制造环境中的物料流和信息流，并作为战略工具、变革管理工具来使用，帮助企业实现精益生产目标，达到效益提升的目的（Seth et al.，2017；Abdulmalek and Rajgopal，2007；Dotoli et al.，2012）。VSM 用可视化工具描述制造环境中的物流和信息流，集中于缺陷、修复、过度加工、浪费、移动、冗余库存、生产过多、生产过早和等待等多方面的生产改进。

传统精益方法在现代制造业的实践中面临多个挑战：①对当前面临的主要问题和未来改进效果的预估，属于定性的评价和推测，有主观判断的因素；②缺乏计算的精确结果，无法用量化的数据来准确描述对生产过程进行改进之后，可带来的效率提升和原始状态的对比；③对于改良方案可能带来的新的问题，如新的工艺瓶颈点、库存和缓冲不足的情况，难以提前给出准确预测；④如 VSM 等精益方法，是一种粗粒度分析工具，能够对工厂展开的细节程度有限，尤其是对于操作工序比较多的生产工艺，只能将其工作分组后区块化地描述；⑤如 VSM 的精益方法，其时间轴线分析只能用于大致分析在生产周期内的增值时间和非增值时间的比例，每个工作组的增值时间并不能代表这个环节的实际节拍时间，因此也就不能进一步做准确的生产线性能分析。

在过去，人们通过仿真为传统精益方法提供严谨的逻辑计算和数据。随着现代计算机性能和仿真软件技术的发展，如达索 DELMIA 与西门子 Tecnomatix 等仿真系列软件，都有所见即所得的图形化工作环境、层次化的模型结构、面向对象的方法过程、各种形式的报告输出等，但这些仿真软件都较为复杂，同时在实现生产系统动态仿真和信息分析的过程中，对各方面影响因素都有较高的要求，需要投入人力多、对人员素质要求高、耗时较长等原因导致中小型企业无法承担其成本；或因为实施周期长，不能满足企业发展节奏而不被采纳（Liu et al.，2019；Wang and Haghighi，2016；Hochhalter et al.，2014）。随着 IT 的发展，传统精益方法已经结合仿真方法来运用（Lian and van Landeghem，2007）。然而，由于仿真方法的技术难度和获取仿真数据的实际困难都非常大，面向中小制造业的基于模拟的精益方法研究目前少见。

与大型企业相比，中小型制造企业在这些特点上通常更为典型：生产批量小、产品模式变化快、产品生命周期短、信息和自动化水平低、员工教育水平低、不太可能采用新技术。多位学者各自的研究表明，在发达国家和发展中国家情况都是如此（Ghauri et al.，2003；Man et al.，2002；Hoffman et al.，1998；van de Vrande et al.，2009）。由于以上背景原因，中小型制造企业一方面急需准确而有效的生产流程设计和评估方法；另一方面由于自身资金规模、现代化水平、抗风险能力的限制，又不希望要求门槛太高，投入过多人员和资金，或者实施周期太长（Man et al.，2002）。

与大型企业相比，中小企业的流程再造和优化需要灵活实用的方法。以国内中小型制造业为例，改革开放以来，中小型制造企业开始不断增长和发展，并逐渐在国民经济中占有越来越大的比例，但是中小型制造业普遍面临着产品批量小、变化快、周期短、工厂信息化和自动化水平较低，以及劳动人员的整体知识水平低于大型企业的现状。自从中国加入世界贸易组织，中小型制造业一方面面临着更广阔的市场机遇，另一方面也不断面临市场波动和竞争压力的挑战。传统精益方法的精确度和可行性问题不利于企业灵活应对市场的快速变化，限制其在工厂流程再造阶段的应用。

5.2　流程再造数字孪生构建方法

5.2.1　生产流程再造的数字孪生方法

本章研究的生产流程再造的数字孪生方法，是将传统的精益管理优化流程，如 VSM 等方法，与基于 EVA 的生产线规划和优化方法结合，得到新的生产优化工作方法。EVA 框架的设计和应用方法，参考 3.3 节的内容。

基于 EVA 的生产流程再造数字孪生实践环，持续支持工厂的优化和升级工作。如图 5.1 所示，它由如下工作组成：①基于工厂生产线的物联网数据，在 EVA 平台中创建生产流程模型；②分析关键指标，重新设计流程模型的多个比较版本，并通过仿真对若干可选方案进行评估；③工厂根据仿真输出结果，选择最合适的数字孪生模型，进行详细设计和升级改造；④改造后的工厂投入运行，经营过程中产生的车间物联网数据，将继续传递到仿真平台作为数字孪生建模和工厂改造的参考依据，与此同时，相关经营数据和模拟分析数据将传递到公司管理层，用于进行持续分析和讨论新的流程再造计划。以上①到④的工作不断循环迭代，形成生产流程再造的数字孪生实践环。

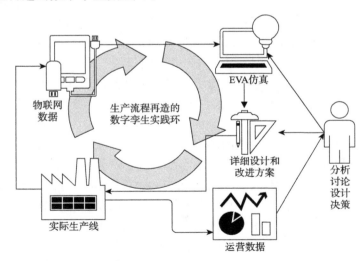

图 5.1　生产流程再造的数字孪生实践环

5.2.2　基于数字孪生改进的 VSM 方法

为了提高传统精益方法的过程分析能力，将数字孪生与传统精益方法的过程相结合，在此以 VSM 为具体的实例进行说明。传统的 VSM 工作流程有五个基本步骤：①调查当前的生产状态，包括物料流、信息流和车间布局；②绘制当前 VSM；③分析当前 VSM 并讨论优化计划；④绘制未来 VSM；⑤做出优化计划的最终决定。基于 EVA 的数字孪生实践环集合了传统 VSM 工作过程，从而在传统 VSM 的基础上构建仿真模型并计算准确的性能指标。

基于数字孪生的 VSM 方法的简单工作过程如图 5.2 所示。该方法有五个基本步骤：①根据实际状态绘制当前 VSM，然后进行当前 VSM 的分析。②从车间和仓库收集物联网数据，以记录生产线的必要仿真信息，然后用 EVA 创建当前生产过程的模型。③分析仿真结果，提出改进建议，并在 EVA 平台进行未来的建模与仿真（modeling & simulation，M&S）。④比较步骤②和步骤③的结果之间的关键性能指标，并草拟未来的 VSM。步骤④的结果应由生产改造决策小组进行分析，以检查其结论的可行性和完整性。如果所有关注的问题都得到解决并且新方案可以接受，那么继续下一步，否则返回步骤③。⑤基于 VSM 的最终版本提出工厂生产流程的改造计划，该计划将被执行以实现生产流程优化。

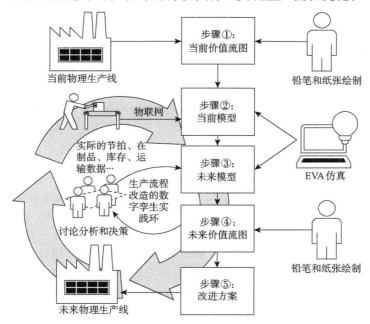

图 5.2　流程再造中结合数字孪生的 VSM 步骤

　　数字孪生结合传统精益方法对流程再造工作有三点提升效果：①建模和仿真变得更容易，不需要参与者有工业工程等专业领域知识。②可以有效地分解复杂问题。在数字孪生模型中，一个复杂的问题可以被分成小问题进行部分分析。为小问题构建的模型，在被模拟和讨论清楚后，可以进一步耦合、集成，并在更高层次上进行讨论。③为了解决特定问题，可以聚焦在特定对象进行仿真，并以简化方式处理其余对象。例如，当被关注的问题是工位的节拍时间而不是缓冲区时，缓冲区可以简化为模型中工位之间的运输线的负载容量。

　　在流程再造业务的数据分析过程中，以下 KPI 是主要考察点，这些 KPI 可以为流程再造的前后分析提供比较基础。

　　（1）库存天数（days of inventory，DOI）是评估企业当前库存合理性的KPI。一般情况下，DOI 值越低越好。DOI 等于名义库存量（nominal inventory quantity，NIQ）除以平均每日需求（average daily demand，ADD），NIQ 可以根据仓库中的产品库存、在制品和原材料按物料清单表（bill of material，BOM）折算的可转换产品累加得到，ADD 可根据上个月的市场需求估算，如式（5.1）所示。

$$\text{DOI} = \frac{\text{NIQ}}{\text{ADD}} = \frac{\text{Volume}_{\text{Storage}} + \text{Volume}_{\text{WIP}} + \text{Volume}_{\text{raw\_material}}}{\dfrac{\text{MDQ}}{\text{WD}}} \qquad (5.1)$$

其中，MDQ（monthly demand quantity）表示当月市场对产品的需求数量；WD（working days）表示当月工作日天数。

　　（2）库存周转率（inventory turn over，ITO）是评估制造企业资本运营效率的 KPI。一般情况下，ITO 值越高越好。ITO 的计算方法是年度产品成本（annual product cost，APC）除以年度库存成本（annual inventory cost，AIC），APC 可通过一年内所有月份销售量对应成本求和计算，AIC 可以通过某个时间断面下原材料、在制品、库存的价值求和计算，如式（5.2）所示。

$$\text{ITO} = \frac{\text{APC}}{\text{AIC}} = \frac{\displaystyle\sum_{\text{January}}^{\text{December}} \text{Total sales}_{\text{month}}}{\text{Cost}_{\text{raw material}} + \text{Cost}_{\text{WIP}} + \text{Cost}_{\text{products storage}}} \qquad (5.2)$$

　　（3）增值和非增值比率（V/NV）是传统精益方法中 VSM 工具需要考量的一个重要精益指标，通常情况下，生产制造业的该指标值越高越好。

　　（4）节拍时间，尤其是生产线综合节拍（overall takt，OT），代表整个车间或生产线的整体生产效率水平，以及能否满足市场的需求。从市场需求出发对节拍时间提出目标的要求计算方法，如式（5.3）所示。

$$TT = \frac{MWT}{MDQ} \qquad (5.3)$$

其中，MWT（monthly working time）表示当月有效的工作时间；MDQ 表示当月市场对产品的需求数量。

如果将节拍时间精确到秒，并考虑午餐和休息时间，以天为考察对象计算，通过式（5.3）可进一步推导生产线的目标节拍时间，如式（5.4）所示，WD 表示当月工作日天数。

$$TT = \frac{\left[\left(T_{\text{work hour}} - \text{Toff}_{\text{duty hour}}\right) - T_{\text{lunch}} - T_{\text{rest}}\right] \times 60 \times 60}{\dfrac{MDQ}{WD}} \qquad (5.4)$$

根据通道瓶颈原理，生产线的整体节拍时间不能小于任一工序的个体节拍，如式（5.5）所示。

$$TT_{\text{productionline}} \geqslant \max_i TT_i \left(i \in \{1, 2, \cdots, N\}\right) \qquad (5.5)$$

其中，TT_i 代表单个工序的节拍；N 代表工序的数量。反言之，如果要满足市场需要，则任意一个工序的能力节拍时间都必须要小于等于目标节拍时间。

将当前生产线实际能达到的能力节拍时间和目标节拍时间进行比较，则可以评估当前生产线产能是否满足市场需求。生产线能力节拍时间小于等于目标节拍时间，则说明产能可满足市场需求。通过数字孪生模型的仿真，可以准确而且快捷地计算生产线的能力节拍时间。

（5）人均日产量（per capita daily output，PCDO），反映工厂的实际劳动生产率水平，计算方法如式（5.6）所示。

$$PCDO = \frac{MO}{DW \times WD} \qquad (5.6)$$

其中，MO 表示月产量；DW 表示直接工人数量；WD 表示月工作日天数。通过和同行业企业比较人均日产量，可以评估当前企业直接工人劳动效率方面的竞争力水平。

5.3　流程再造数字孪生应用

5.3.1　流程再造情境下的数字孪生构建

在制造业中小企业中实施传统的精益方法进行生产改造和优化时，需要考虑传统方法的几个局限性，并讨论如何利用数字孪生模型解决这些问题。以 VSM 为例。

（1）VSM 的现状图和未来图都由人工绘制与评价，部分结论基于主观推测。

（2）通过优化后的生产线性能比较，VSM 无法准确地计算出关键指标。

（3）VSM 很难预测优化方案可能导致的新问题，如新出现的瓶颈和缓冲不足。

（4）VSM 中的加工时间相当于在生产过程中单个产品通过工位被实际加工的时间，即增值时间。加工时间可以用来分析整个生产周期中的增值时间和先导时间比例，但不能体现实际的生产节拍时间，也不能用于分析生产工位的性能和绩效。

为了更好地使 EVA 建模方法适用于基于数字孪生的 VSM 精益过程，即图5.2 中的步骤②到步骤③，该章提出生产流程数字孪生模型构建步骤（图 5.3）。

在中小企业构建生产流程的数字孪生模型包括四个基本步骤：①进行现场调查，包括工作分析和计时，然后根据实际工作场景将 VSM 中的生产流程分解为工作片段。工作片段应该是不可分割的最小任务级别，称为工作包。工作包对应 EVA 仿真中的原子模型。②基于现场调查和记录，设置原子模型的属性，如处理时间、准备时间和其他环境参数，如缓冲、运输、优先级、容量和顺序等。然后生成生产线的工作结构分解（work breakdown structure，WBS），并在最底层的级别进行 M&S。③根据 WBS 将原子模型耦合到更高级别，进行更高层次级别的 M&S，由此逐级往上层层迭代运行。④执行整条生产线的全局仿真。

在步骤③和步骤④中，将较低级别的原子模型耦合到较高级别的模型有两种可行的操作形式：①根据 WBS 分解树形结构，用组合的方法将原子模型直接逐层地耦合为更大的模型，然后执行整体仿真；②从低级别开始分层地进行仿真，然后获取每个阶段仿真输出的性能指标，如节拍时间、MTBF、MTTR 等，作为更高层次原子模型的参数，利用这些参数去重新构建高层次的模型，由此逐层重复往上，直到生产线的全局仿真。从理论上讲，这两种操作形式都是可行的，而且对仿真结果影响较小。过去的许多实践证明，采用两种形式的结果之间的平均差异小于 0.5%，因此不会对 VSM 分析造成显著影响。

生产流程的数字孪生模型如图 5.4 所示。在将数字孪生和其他传统精益方法结合来辅助生产流程再造与优化工作的时候，也可参考以上方法进行组合。

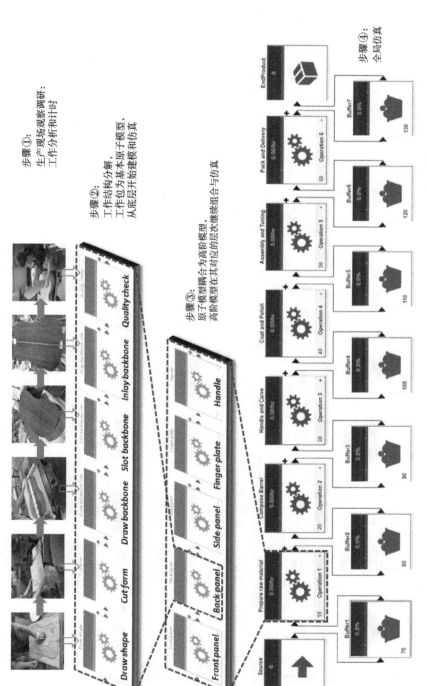

图5.3　生产流程数字孪生模型构建步骤

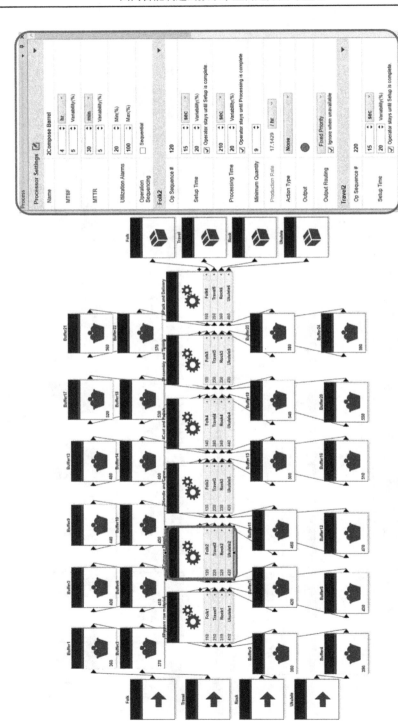

图5.4　生产流程的数字孪生模型

5.3.2　中小型制造业的数据采集和建模方法改善

随着材料技术、芯片技术和 IIoT 通信技术的发展，目前在中小型制造业和劳动密集型的生产线中，也有可能使用低成本的 RFID 芯片和 RFID 读取器，来收集每个步骤中每个在制品的停留时间。因此中小型企业构建生产流程的数字孪生模型，不再需要通过昂贵的 PLC 或 CNC 实现 IIoT，以及低效率的人工现场观测和计量方式，而可以通过在线简易读头和粘贴式一次性 RFID，实现以低成本高效率的方式组建 IIoT，采集建模所需的节拍等数据。参考 2018 年 12 月电商平台的产品报价中位数，纸质封装 RFID 芯片的单价约为 0.12 元，简易 RFID 读取器的成本约为 200 元，这对于多数中小型制造企业来说，为每个产品埋设芯片，并且在生产线的每个操作工位布置 RFID 读取器，是可以接受的投资和费用。

作为数字孪生与传统精益方法结合的示例，本章提出以下方法结合数字孪生和 VSM 方法：将基于 EVA 仿真的数字孪生模型与 VSM 集成应用在生产流程的改造优化项目中，EVA 模型为 VSM 的 KPI 提供 M&S 和量化的参考依据，用于流程再造工作中分析和决策的依据。利用 EVA 仿真构建实际生产线的数字孪生模型，可增强传统精益方法薄弱的数据分析环节。EVA 仿真输出了一系列量化的结果，在传统精益方法基础上增强对多个 KPI 相关问题的解答，而且可以提醒企业的决策人员，在每个优化方案被应用后，新的生产条件下可能发生的关键指标的变化和可能出现的新问题，如日产量、平均节拍时间、需求缓冲区容量和合理的在制品库存等。

5.4　流程再造数字孪生应用实例

5.4.1　实例背景

S.TINA 乐器厂位于中国北方，成立于 1999 年。经过二十多年的发展，该品牌已经拥有一批忠诚的顾客，且在国内市场有着稳定的订单需求。该乐器厂的产品系列包括民谣吉他、旅行吉他、摇滚吉他和尤克里里琴。公司的仓库和生产车间占地 10 000 平方米，拥有 20 台半自动设备和车床。公司现有员工 84 人，其中一线工人 61 人、技术人员 8 人、管理人员 15 人。该公司的生产过程主要是手工作业。

S.TINA 乐器厂的产品在线上和线下都有销售渠道。线上分销渠道包括天猫（淘宝）、京东和苏宁等电子商务平台，线下分销渠道包括中国多个省份的五十多家合约经销商。S.TINA 乐器厂的销售使用预付款政策。在线订单和预付款记录都会实时同步到公司的财务系统。在线下单的产品每天会被打包和交付运输。线下订单通常通过电子邮件或电话收集，每周汇总后在周日统一打包和发运。每个线下合约经销商都被要求按季度提供销售预测。2018 年 S.TINA 乐器厂生产、销售和收入统计见表 5.1。

表 5.1 2018 年 S.TINA 乐器厂生产、销售和收入统计

产品系列	2018 年产量/件	2018 年销量/件	平均价格/元	总收入/元
民谣吉他	16 810	15 960	1 800	28 728 000
旅行吉他	14 500	14 800	1 600	23 680 000
摇滚吉他	9 610	9 530	2 100	20 013 000
尤克里里琴	2 450	2 270	350	794 500
总计	43 370	42 560	1 766	73 215 500

该乐器厂的主要原料是实木。木材交付到工厂后，需要超过一年的自然风干周期，然后才能作为合格的原料投入生产线。一些高端的乐器产品型号甚至要求木料经过两年的风干周期。经过一到两年自然风干的木料投入生产线之后，木料在车间里大概经过 30 天的生产周期后变成最终产品从生产线输出。

2017 年以来，S.TINA 乐器厂面临着日益严重的经营危机，工厂遇到的问题在以下一系列经营指标中凸显：①市场需求持续上升，2018 年为每月 3 600 件，在 2018 年预估 2019 年需求量为每月 3 960 件，但目前的全部产能为 3 150 件。②财务指标逐年恶化，财务报告显示 S.TINA 乐器厂的运营效益不佳，总利润和资产收益率（return on assets，ROA）指数逐年降低，2017 年已经处于非常低的水平。③公司的财务负担非常沉重，负债杠杆率很高，同时，原材料和库存资产占总资产的比例还一直居高不下。④S.TINA 乐器厂的人均产量低于行业平均水平。根据调查，在全部配置熟练工的前提下，他们的人均日产量为 1.235 件，但该行业的平均水平为 1.831 件。

5.4.2 实例过程分析

1. 当前生产情况分析

为了解决上述问题，S.TINA 乐器厂于 2019 年启动了生产线优化改造项目。该项目的目的是在投资最小的前提下提高工厂的运营绩效，提升目标设定如下：①使 S.TINA 乐器厂的生产率关键指标提高到该行业的平均水平以上；②在最小

投资情况下提升工厂的产能满足市场需求。

首先，项目团队对 S.TINA 乐器厂进行了现场研究，了解当前的生产状况，从公司经营的层面总结了 S.TINA 乐器厂的内外部问题和面临的挑战，如表 5.2 所示。

表 5.2　S.TINA 乐器厂问题总结

外部问题	内部问题
1. 市场需求持续增加	1. 生产率不能满足市场需求
2. 竞争对手的生产率更高	2. 营利能力差
3. 来自竞争对手的竞争新产品	3. 工人流动率高
4. 由于交货延迟，客户越来越不满意	4. 由原材料、库存和在制品引起的高资本占用

然后对车间情况进行现场观察，并采访各部门员工，包括财务、人力资源、物流和生产部门，最终在 S.TINA 乐器厂车间的生产管理中发现以下五个主要问题。

（1）S.TINA 乐器厂的主要原材料是木材，占原材料库存的80%。由于最终产品的品质要求，新送达工厂的木材需要风干足够长的时间，为防止吉他面板多年后凹陷和开裂，故该公司的原料囤积周期很长，库存水平非常高。

（2）生产线上存在大量的在制品库存堆积，占据车间的大量空间。

（3）不同系列的产品在每个流程中需要不同的处理时间。以雕刻和涂装工艺为例，与其他产品系列相比，民谣系列雕刻时间最长，但涂装时间较短，而摇滚系列雕刻时间较短，涂装时间最长。

（4）不同系列之间的生产计划是随机的，工人可以自由地从其上游工序中流转过来的在制品中选择其想加工的产品类型。通常为了避免手头工具的频繁更换，工人更喜欢保持连续对同一系列产品进行加工，而不是在不同系列之间频繁地切换。

（5）S.TINA 乐器厂面临严重的工人流失问题。过去一年工人更替率达到87%，该公司不但在招聘和培训新员工方面产生大量的沉没成本，而且由于受训人员只能达到有经验工人效率的60%，该乐器厂还受到人均生产率低下的困扰。结果，S.TINA 乐器厂雇用了 85 名直接工人，实际人员数量比按照经验丰富情况下的人数定额高出39.34%。

2. 应用传统 VSM 方法

经过对 S.TINA 乐器厂进行充分的现场和人员的调查，绘制当前 VSM（图5.5）。

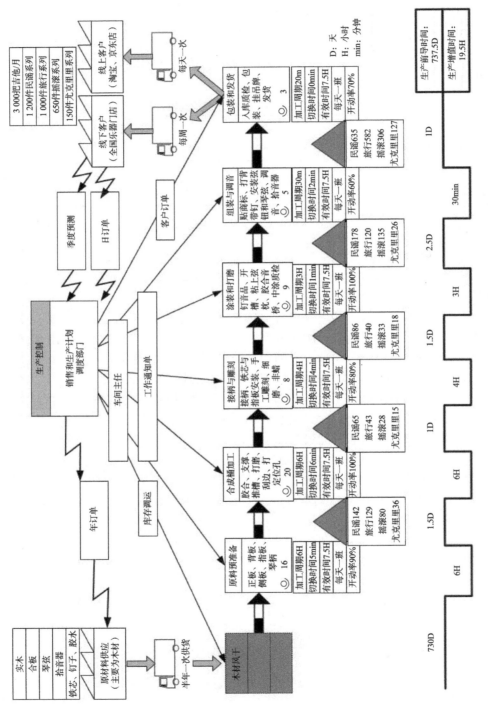

图5.5　S.TINA乐器厂的当前VSM

生产流程一般分为六个环节：①原料预准备；②合成桶加工；③接柄与雕刻；④涂装和打磨；⑤组装与调音；⑥包装和发货。

S.TINA 乐器厂的工作制为每天一班，从上午 8 点到下午 5 点，包括中午 1 小时的午休时间和早上 30 分钟的更衣、准备和会议时间。每个环节的可用时间（available time，AT）为 7.5 小时：

$$AT = 17-8-1-0.5 = 7.5（小时）$$

每个加工环节的加工时间从 30 分钟到 6 小时不等。每个环节包括若干并行或串行的小工序。根据现场测算，每个加工环节生产输出能力的核心指标节拍时间有着显著的差异，分布区间从 165 秒到 229 秒不等。

当工人在不同的产品系列之间换型时，小工序中的更换工具时间（change over time，CO）在 0~20 秒不等。在各环节中，需要累积该环节中包括的所有小工序的更换工具时间，因此各环节的层面，更换工具时间分布在 0~5 分钟不等。各环节的时间信息如表 5.3 所示。

表 5.3　各环节的时间信息

工序	原料预准备	合成桶加工	接柄与雕刻	涂装和打磨	组装与调音	包装和发货
加工时间/小时	6	6	4	3	30	20
节拍时间/秒	210	229	212	205	168	165
更换工具时间/分钟	5	6	4	1	2	0

3. VSM 方法分析结果

基于 VSM 分析，可以发现若干问题，指出 S.TINA 乐器厂的若干经营管理方面的不足，并提出提高生产率和降低财务负担的建议如下。

（1）仓库中的当前原材料库存根据 BOM 表转换可折算为 43 400 件产品，当前在制品为 2 824 件，当前库存为 3 690 件。根据式（5.1）可以计算 S.TINA 乐器厂的 DOI 为 416 天，高于当前的行业均值 320 天：

$$DOI_{S.TINA} = (43\,400 + 2\,824 + 3\,690)/(3\,600/30) \approx 416（天）$$

S.TINA 乐器厂的年收入为 73 215 500 元，近似库存值为 85 184 100 元。因此，可以计算 S.TINA 乐器厂的当前 ITR 值为 0.859 5，低于当前的行业均值 1.35：

$$ITR_{S.TINA} = 73\,215\,500/85\,184\,100 \approx 0.859\,5$$

以上分析结果表明，S.TINA 乐器厂的当前 DOI 偏高，ITR 偏低，且两个指标都未能达到行业的均值线，显然需要进一步分析原因和讨论改进策略。

（2）S.TINA 乐器厂生产全流程的总增值时间为 19.5 小时，生产前置时间为

758.24 天。增值和非增值（V/ NV）比率为 0.001 1：

$$\frac{19.5}{758.24\times 24}\approx 0.001\ 1$$

这个值和行业均值 0.001 4 相比处于较低水平，指明 S.TINA 乐器厂财务负担较重的根本原因。S.TINA 乐器厂采购的木材需在自有库房的风干时间长达一到两年，是 V/ NV 比率低的主要原因。如果能够缩短木材风干时间，如采用预干燥的实木作为原材料，将大大缩短生产前置时间，并显著提高 V/ NV 比率。

（3）S.TINA 乐器厂的实木材料每半年交货一次，每次交货量大，仓库中的材料囤积时间长。过长的材料供应周期导致严重的资金占用和 S.TINA 乐器厂沉重的财务负担。应改进原材料的订购间隔和供应周期，并采用小批量多批次的交付方式，且如上一条所说，如果原材料采用预干燥实木，而不是在 S.TINA 工厂库房进行自然风干干燥的话，则有望极大地降低库存水平和减轻公司的财务负担。

（4）原材料仓库没有遵循严格的先进先出（first in first out，FIFO）策略，这会导致额外的不必要库存数量。如果严格实施 FIFO 策略，则预计可以显著减少库存需求。

（5）目前的交付策略是在线渠道每日交付、线下渠道每周交付，这导致一些成品在仓库中积压。因此，有必要改进订单和发货系统，线下渠道也实现按日交付发运。

（6）不同产品系列在不同工艺环节的节拍时间长短有显著差异。例如，民谣系列吉他在雕刻环节中花费的时间较长，但在涂装环节中花费时间较短，而摇滚系列吉他在雕刻环节花费时间较短，但在涂装环节花费时间较长。基于精益制造的均衡化生产理论，对生产批次进行合理排产应当可以提高生产能力，并减少在制品库存。

（7）生产线中的在制品数量超过 2 800 件。根据当前 VSM，在制品的数量几乎等于一个月的产量，而每个产品实际经历的增值加工时间只有 19.5 小时。这显然说明每个在制品在生产流水线的排队时间过长，并进一步导致每个产品在 VSM 上表现的全生产周期过长。

（8）当前 VSM 显示合约经销商是以季度为间隔，预报线下渠道销售计划，这不利于优化生产计划和原材料订单计划。项目团队强烈建议线下的销售量预测应该提高频率为按月报告。

4. 传统 VSM 方法的局限性

VSM 提供一种可视化的方法，可以在工厂运营的整个价值链下简洁地观察生产管理可能存在的问题，但这种方法有其局限性。有些工厂的生产工艺比较复杂，而 VSM 展办的图框幅面有限，只能把生产线粗略区分为几个大的生产环节，且未显示其中实际生产过程的细节。VSM 中每个流程的时间值都采用平均值表示，而不反映在同一个流程下不同产品系列之间的时间差异。在 S.TINA 乐器厂的当前 VSM 可以发现若干问题，然而在进一步讨论未来 VSM 的时候，VSM 分析因为其局限性而无法有效展开讨论，有待更好的方法来解决。这些问题包括均衡化生产问题、流程优化和生产线平衡问题、在制品库存优化问题、人员生产效率问题。

1）均衡化生产问题

均衡化生产的指导原则是，生产线上节拍不同系列产品的调度均衡，为生产线输出能力的提高带来额外的潜力。在 S.TINA 乐器厂有四个系列的产品，每个产品在每个环节中都有不同的节拍时间。但是，均衡化不仅需要考虑节拍时间，还需要考虑产品系列更改时，因工具切换导致的更换工具时间，以及频繁切换工具对车间工人情绪和工作效率带来的影响。因此，如果推行均衡化生产所带来的生产效率提高并不显著，且强行改变工作习惯又会引起工人的不满，那么推行均衡化生产计划对 S.TINA 乐器厂来说将是一件得不偿失的事情。

另外需要考虑到的一个现实情况是，基于 S.TINA 乐器厂的信息化和自动化水平，其工艺部门和生产部门并没有强大的信息系统或工具，来推行精准的均衡化生产调度计划。所以当实际推行均衡化的时候，只能是以一种粗糙的近似处理方式，对工人作业模式进行引导。例如，鼓励工人从上游缓冲区随机选择不同的产品型号进行加工，而不是尽可能加工同类型的产品。事实上，传统的精益方法不能提供一种实际的自动化调度方案来实现均衡化生产，而传统 VSM 也无法准确评估实施均衡化后可能带来的收益效果。因此，当前的 VSM 分析无法准确地建议工人的作业方式是否应当选择均衡化。

2）流程优化和生产线平衡问题

各加工环节的节拍时间从 165 秒到 229 秒不等，根据精益管理的理论，可以预见通过流程优化和生产线平衡，可能会有效地提高生产线的整体输出能力，但是，各环节本身包含若干个工作包，这些工作包是需要被进一步拆解和分析的，然而它们都并未在 VSM 的绘制图中被显示。VSM 中的信息栏目表和时间轴上仅显示加工时间，即相当于产品在整个加工流程中被增值的时间。以原材料制备为例，加工时间为 6 小时。加工时间仅表示该环节中一种产品的通过时间，与节拍时间无关，而节拍时间才是计算生产线加工能力和输出效率的关键指标。

根据现场测算，原材料制备环节的节拍时间为 229 秒，相当于该环节的生产速度可以达到每小时 15.72 件。在观察所有加工环节的节拍时间数值的基础上，进一步提出以下问题：如何通过生产流程优化和生产线平衡，来实现在投资最小化的情况下提高生产线产能，满足市场需求。

3）在制品库存优化问题

车间的在制品库存保持在较高水平。通过当前 VSM 分析，可知应通过精益方法（如 5S 管理）有效减少在制品库存。但是，传统的 VSM 分析无法进一步给出准确的参考数值说明：S.TINA 乐器厂的在制品库存的合理水平应该是多少。

4）人员生产效率问题

生产一线工人的流动率太高是一个明显需要解决的问题，但传统的 VSM 分析方法无法进一步通过具体的数值说明：如果工人人数减少到正常水平，而他们的熟练程度保持稳定，那么对生产线的整体效率影响是多大。

5. 使用基于数字孪生的 VSM 方法

1）解决均衡化生产问题

为了解决均衡化生产问题，项目团队在数字孪生模型中分别设计和模拟基于不同假设的两个模型：模型 A，即工人倾向每次随机选择产品种类，使系列调度尽可能平衡；模型 B，即工人切换到另一种产品之前尽可能连续生产相同系列的产品。模型 A 和模型 B 的主要元素与参数是相同的，包括节拍、设置、MTBF、MTTR、运输和缓冲等。它们之间的主要区别在于对每个环节中 EVA 模型的"最小数量"阈值的定义。S.TINA 乐器厂产品系列的节拍时间矩阵如表 5.4 所示，用于建模和生成混合批量生产的整体过程仿真。

表 5.4　S.TINA 乐器厂产品系列的节拍时间矩阵（单位：秒）

产品系列	原料预准备	合成桶加工	接柄与雕刻	涂装和打磨	组装与调音	包装和发货
民谣	205	210	223	179	147	159
旅行	201	219	200	191	153	158
摇滚	195	224	180	216	186	152
尤克里里	128	165	120	158	118	135

数字孪生仿真的输出原始数据是带时间戳数据表，按时间顺序记录仿真原子模型的每个变化。S.TINA 乐器厂的模型进行了 8 小时生产过程的模拟运行。

根据数字孪生仿真的输出数据，可以通过统计获得每个原子模型的摘要信息，如表 5.5 所示。

表 5.5　数字孪生仿真输出摘要（单位：秒）

名称	类型	输出时间	生产时间	空闲时间	启动时间	停机时间
原料预准备	工序	226.77	25 406.89	1 281.75	302.98	1 808.38
合成桶加工	工序	244.07	25 181.05	1 546.43	277.90	1 794.62

续表

名称	类型	输出时间	生产时间	空闲时间	启动时间	停机时间
接柄与雕刻	工序	246.15	23 899.20	2 846.44	268.47	1 785.89
涂装和打磨	工序	248.28	22 168.70	4 584.74	275.61	1 770.95
组装与调音	工序	250.43	17 427.14	9 295.91	268.21	1 808.74
包装和发货	工序	250.43	17 612.94	9 114.59	258.44	1 814.03
民谣系列	资源	400	—	—	—	0
旅行系列	资源	450	—	—	—	0
摇滚系列	资源	800	—	—	—	0
尤克里里	资源	2 618.18	—	—	—	0
缓冲 1	缓冲	757.89	—	—	—	0
缓冲 2	缓冲	505.26	—	—	—	0
缓冲 3	缓冲	1 028.57	—	—	—	0
缓冲 4	缓冲	3 200	—	—	—	0
缓冲 5	缓冲	778.38	—	—	—	0
缓冲 6	缓冲	553.85	—	—	—	0
民谣系列	成品	—	—	—	—	0
旅行系列	成品	—	—	—	—	0
摇滚系列	成品	—	—	—	—	0
尤克里里	成品	—	—	—	—	0

　　摘要信息准确地展示了 S.TINA 乐器厂的各个组成部分的统计性能指标，包括生产工位、运输线和缓冲区等。它还通过模拟一定时长的生产周期，展示工厂生产线的整体性能，如每个工位现阶段收到的工件数量，当前工位完成并交给下一工位的在制品数量，当前工位上平均每个在制品的周转时间，累计的生产时间、准备时间、等料时间、堵料时间和维护时间等。

　　为了使仿真尽可能符合真实的情形，数字孪生模型中设置振幅和随机参数，这些随机参数会使每一次仿真输出的结果略有不同。因此在每种条件下重复模拟20 次，以计算平均值。结果表明，非均衡化生产情况下乐器厂的日生产输出能力为 105 件成品，而均衡化生产情况下乐器厂的日生产输出能力为 121 件成品。每个产品系列的仿真产量详细结果如表 5.6 所示。显然，结论是均衡化生产具有显著的效益，应该在 S.TINA 乐器厂实施均衡化生产。

表 5.6　非均衡化和均衡化生产情况下的仿真结果对比（单位：件）

产品系列	非均衡化生产日产量	均衡化生产日产量	非均衡化生产的最大在制品缓冲	均衡化生产的最大在制品缓冲
民谣	46	49	362	247
旅行	39	38	305	200
摇滚	14	22	169	111
尤克里里	6	12	87	55
总计	105	121	923	613

2）解决流程优化和生产线平衡问题

数字孪生的方法有助于对已构建的仿真模型的复用。在分析生产线优化方案等其他问题，并比较均衡化生产的不同情况时，通过快速调整现有模型来构建新话题对应的方案模型。仿真结果表明，通过将不同工作岗位的工艺进行适当的调整以实现生产平衡与优化，提高生产效率，而无须投资新的生产设备。当均衡化与生产线平衡的优化方案整合使用之后，预测生产线的总产能最终增加到 203.01 秒的平均单件输出节拍，相当于月生产能力为 3 990 件成品，可以满足市场的需求。使用数字孪生模型解决生产线平衡问题的仿真步骤和输出结果与解决均衡化生产问题类似。

3）解决在制品库存优化问题

表 5.6 所展示的仿真结果表明，在非均衡化生产情况下，在制品的合理最大库存值为 923 件。根据图 5.5 所示的当前 VSM，车间的在制品总数已达到 2 824 件，当前工厂的实际情况与仿真结果提供的合理数量值存在明显的差距。所以尽快实施现场 5S 管理有望改善车间在制品控制水平，并减轻企业的财务负担。表5.6 所展示的仿真结果还表明，实施其他优化解决方案（如均衡化生产）之后，合理的在制品库存水平还将进一步降低。生产线平衡和均衡化结合实施的仿真结果显示，S.TINA 乐器厂可以将合理的在制品最大数值降低到 420 件。考虑到车间的管理能力，S.TINA 乐器厂将仿真得出的理想值增加 50%，把未来的在制品数量控制目标设定为 630 件。

4）解决人员生产效率问题

仿真结果表明，在使用熟练工的情况下，当前生产线的总体生产能力为总输出节拍 257.14 秒，对应的人均日产量指标为 1.235 件。目前 S.TINA 乐器厂的新员工比例为 90%。直接工人的数量达到 85 人，比计划人数 61 人多了 39.34%。新工人的生产能力仅可以达到熟练工的 60%。如果 S.TINA 乐器厂将工人的技能提高到稳定的熟练工水平，并将工人数量改为计划人数水平，也就是提高素质和减少数量，那么整体节拍时间将提高到 243.24 秒，同时人均日产量指数可以提高到 1.776 件。

仿真结果表明，解决工人流动性过高的问题，预计可以提高 S.TINA 乐器厂的生产效率和经济效益。在此基础上项目组进一步评估，通过 5S 现场管理，人均日产量指数将增加到 1.853 件，均衡化生产将有助于将其提升至 1.967 件。通过生产线优化和生产线平衡，人均日产量指数将达到 2.046 件。目前，该指数在该行业的平均水平为 1.831 件。因此，S.TINA 乐器厂可以通过优化流程达成其项目目标，而无须投资新的生产设备。

同时，基于 VSM 分析和数字孪生仿真，进一步评估并推算了其他的 KPI。仿真结果显示，在制品库存数量可以通过解决工人周转问题减少 5%，通过 5S 管理减少 50%，通过实施均衡化生产减少 15%，通过生产线优化和生产线平衡减少 10%。通过这些改进，S.TINA 乐器厂的 DOI 指标将从 416 天减少到 335 天，ITR 指标将从 0.859 5 上升到 1.157 1。

5.4.3　实例结果和讨论

基于 VSM 与数字孪生的结合应用，项目组将不同的优化方案分阶段进行定量分析。按阶段划分为以下六个状态：A：现状；B：维持熟练工人的稳定性和人数；C：实施现场 5S 管理；D：实施均衡化生产；E：实施生产线优化和生产线平衡；F：升级原材料的类型，改善供货周期，并遵循 FIFO 投料原则。为了评估每个阶段的改进效果，不同阶段的 KPI，包括存货平均周转天数、存货周转率、生产线综合节拍和人均日产量不同维度的指标都在不同阶段进行横向比较，最终得出不同阶段对 KPI 的提升效果，如图 5.6 所示。

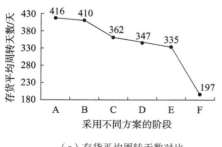

（a）存货平均周转天数对比

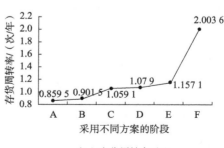

（b）存货周转率对比

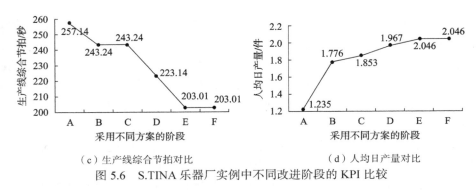

（c）生产线综合节拍对比　　　　　　　　（d）人均日产量对比

图 5.6　S.TINA 乐器厂实例中不同改进阶段的 KPI 比较

在数字孪生仿真的辅助下得到的未来 VSM，如图 5.7 所示。根据未来 VSM 向 S.TINA 乐器厂提出 10 项改进决策，这些改进决策所带来的潜在优势如表 5.7 所示。根据 S.TINA 乐器厂的未来 VSM，增值时间为 15 小时，生产前置时间为 365.25 天，因此，增值时间与非增值时间比值 V/NV 为 0.001 7，与当前 VSM 相比提高了 56.3%。

表 5.7　基于 VSM 和数字孪生的改进决策

序号	改进决策	潜在利益
1	采用预干燥实木	生产前置期减少 210 天，原材料库存减少 15%
2	实木两月订购一次	生产前置期缩短 90 天，原材料库存减少 7%
3	实木两月交付一次	生产前置期缩短 70 天，原材料库存减少 6%
4	原材料库存中的 FIFO 控制	生产前置期缩短 23 天，原材料库存减少 2%
5.1	优化生产线实现生产线平衡	整体生产力提高 7%，在制品库存减少 10%
5.2	在车间推行均衡化生产工作	整体生产力提高 15%，在制品库存减少 15%
6	车间 5S 管理	在制品库存减少 50%
7	减少仓库库存	ITR 增加 1%
8	每日交付给零售商	ITR 增加 1%
9	客户月度预测	优化生产计划，减少原材料库存

S.TINA 乐器厂在接下来的六个月中，采用这些推荐的解决方案实施精益生产管理和改造生产流程，使生产率关键指标提高到该行业的平均水平以上，并且在较少投资情况下提升工厂的产能至市场需求的节拍，成功达到项目启动时设定的目标。在未来的生产管理中，该模型作为生产过程的数字孪生模型，其原子模型的各个参数根据生产现场 RFID 搜集到的数据进行持续更新，而更新后的模型被 S.TINA 乐器厂在未来的精益管理和生产流程优化工作中持续应用。

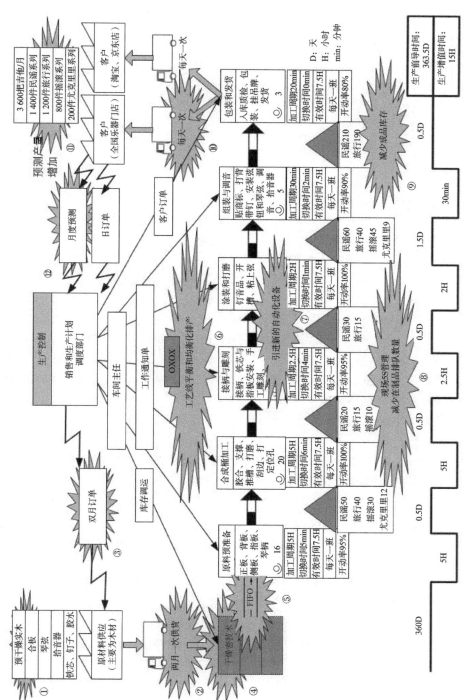

图5.7 S.TINA乐器厂的未来VSM

参 考 文 献

陈骞. 2019. 国外数字孪生进展与实践[J]. 上海信息化,（1）: 78-80.

程颖, 戚庆林, 陶飞. 2018. 新一代信息技术驱动的制造服务管理: 研究现状与展望[J]. 中国机械工程, 29（18）: 2177-2188.

傅建中. 2014. 智能制造装备的发展现状与趋势[J]. 机电工程, 31（8）: 959-962.

傅志寰, 宋忠奎, 陈小寰, 等. 2015. 我国工业绿色发展战略研究[J]. 中国工程科学, 17（8）: 16-22.

李欣, 刘秀, 万欣欣. 2019. 数字孪生应用及安全发展综述[J]. 系统仿真学报, 31（3）: 385-392.

林文进, 江志斌, 李娜. 2009. 服务型制造理论研究综述[J]. 工业工程与管理, 14（6）: 1-6, 32.

刘大同, 郭凯, 王本宽, 等. 2018. 数字孪生技术综述与展望[J]. 仪器仪表学报, 39（11）: 1-10.

卢阳光, 蒋子聪, 齐绪强. 2019b. 流程工业数字工厂建设的标准化——以石油化工行业为例[J]. 中外能源, 24（7）: 83-89.

卢阳光, 马逢伯, 漆书桂. 2019c. 数字孪生视角的数字工厂建设[J]. 信息技术与标准化,（6）: 35-39.

卢阳光, 闵庆飞, 刘锋. 2019a. 中国智能制造研究现状的可视化分类综述——基于 CNKI（2005—2018）的科学计量分析[J]. 工业工程与管理, 24（4）: 14-22, 39.

卢阳光, 闵庆飞, 王奕斌. 2019d. 基于工业物联网的汽车工业敏捷规划轻量级仿真模型[J]. 计算机应用研究, 36（5）: 1446-1453.

路甬祥. 2010. 走向绿色和智能制造——中国制造发展之路[J]. 中国机械工程, 21（4）: 379-386, 399.

吕铁, 韩娜. 2015. 智能制造: 全球趋势与中国战略[J]. 人民论坛·学术前沿,（11）: 6-17.

尚吉永, 卢阳光. 2019. 流程工业数字工厂技术与应用管理[M]. 北京: 人民邮电出版社.

孙柏林. 2013. 未来智能装备制造业发展趋势述评[J]. 自动化仪表, 34（1）: 1-5.

陶飞, 程颖, 程江峰, 等. 2017b. 数字孪生车间信息物理融合理论与技术[J]. 计算机集成制造系统, 23（8）: 1603-1611.

陶飞, 刘蔚然, 刘检华, 等. 2018. 数字孪生及其应用探索[J]. 计算机集成制造系统, 24（1）: 4-21.

陶飞，刘蔚然，张萌，等. 2019. 数字孪生五维模型及十大领域应用[J]. 计算机集成制造系统，25（1）：1-18.

陶飞，张萌，程江峰，等. 2017a. 数字孪生车间———一种未来车间运行新模式[J]. 计算机集成制造系统，23（1）：1-9.

王崴，张宇红，徐晓东，等. 2013. 面向中小企业的云制造服务模式研究[J]. 机械设计与制造，（9）：269-272.

肖静华，谢康，迟嘉昱. 2019. 智能制造、数字孪生与战略场景建模[J]. 北京交通大学学报（社会科学版），18（2）：69-77.

杨涛. 2016. 基于决策树算法的石油基础数据挖掘系统应用研究[J]. 电子设计工程，24（18）：16-18.

于晓宇. 2013. 网络能力、技术能力、制度环境与国际创业绩效[J]. 管理科学，26（2）：13-27.

于勇，范胜廷，彭关伟，等. 2017. 数字孪生模型在产品构型管理中应用探讨[J]. 航空制造技术，60（7）：41-45.

张曙. 2014. 工业 4.0 和智能制造[J]. 机械设计与制造工程，43（8）：1-5.

中华人民共和国工业和信息化部. 2015. 国家智能制造标准体系建设指南（2015 年版）[Z].

中华人民共和国工业和信息化部. 2016. 智能制造试点示范 2016 专项行动实施方案[Z].

中华人民共和国国务院. 2015. 中国制造 2025[Z].

中华人民共和国国务院. 2015. 关于积极推进"互联网+"行动的指导意见[Z].

中华人民共和国国务院. 2017. 新一代人工智能发展规划[Z].

周济. 2015. 智能制造——"中国制造 2025"的主攻方向[J]. 中国机械工程，26（17）：2273-2284.

朱剑英. 2013. 智能制造的意义、技术与实现[J]. 机械制造与自动化，443（23/24）：30-35.

庄存波，刘检华，熊辉，等. 2017. 产品数字孪生体的内涵、体系结构及其发展趋势[J]. 计算机集成制造系统，23（4）：753-768.

左世全. 2014. 我国智能制造发展战略与对策研究[J]. 世界制造技术与装备市场，（3）：36-41，59.

Abdulmalek F A，Rajgopal J. 2007. Analyzing the benefits of lean manufacturing and value stream mapping via simulation：a process sector case study[J]. International Journal of Production Economics，107（1）：223-236.

Adamo A，Beingessner R L，Behnam M，et al. 2016. On-demand continuous-flow production of pharmaceuticals in a compact，reconfigurable system[J]. Science，352（6281）：61-67.

Alam K M，Saddik A E. 2017. C2PS：a digital twin architecture reference model for the cloud-based cyber-physical systems[J]. IEEE Access，5：2050-2062.

Alidi A S. 1996. A multiobjective optimization model for the waste management of the petrochemical industry[J]. Applied Mathematical Modelling，20（12）：925-933.

Armendia M，Ghassempouri M，Ozturk E，et al. 2019. Twin-Control：A Digital Twin Approach to Improve Machine Tools Lifecycle[M]. Cham：Springer.

Banerjee A，Dalal R，Mittal S，et al. 2017. Generating digital twin models using knowledge graphs for industrial production lines[C]//Proceeding of the 2017 ACM on Webscience Conference：425-430.

Bauer E，Kohavi R. 1999. An empirical comparison of voting classification algorithms：bagging，boosting，and variants[J]. Machine Learning，36（1/2）：105-139.

Bilal M，Oyedele L O，Qadir J，et al. 2016. Big data in the construction industry：a review of present status，opportunities，and future trends[J]. Advanced Engineering Informatics，30（3）：500-521.

Bohlin R，Lindkvist L，Hagmar J，et al. 2018. Data flow and communication framework supporting digital twin for geometry assurance[C]. ASME International Mechanical Engineering Congress and Exposition.

Bortolini M，Gamberi M，Pilati F，et al. 2018. Automatic assessment of the ergonomic risk for manual manufacturing and assembly activities through optical motion capture technology[J]. Procedia CIRP，72：81-86.

Boschert S，Rosen R. 2016. Digital twin—the simulation aspect[C]//Hehenberger P，Bradley D. Mechatronic Futures. Cham：Springer：59-74.

Botkina D，Hedlind M，Olsson B，et al. 2018. Digital twin of a cutting tool[J]. Procedia CIRP，72：215-218.

Brenner B，Hummel V. 2017. Digital twin as enabler for an innovative digital shopfloor management system in the ESB logistics learning factory at reutlingen[J]. Procedia Manufacturing，9：198-205.

Cai Y，Starly B，Cohen P，et al. 2017. Sensor data and information fusion to construct digital-twins virtual machine tools for cyber-physical manufacturing[J]. Procedia Manufacturing，10：1031-1042.

Canedo A. 2016. Industrial IoT lifecycle via digital twins[C]. Eleventh IEEE/ACM/IFIP International Conference on Hardware/Software Codesign & System Synthesis.

Cao H J，Wang B T，Liu F，et al. 2010. Two-phase decision-making strategy for remanufacturing process planning[J]. Computer Integrated Manufacturing Systems，16（5）：935-941.

Carbonell J G，Michalski R S，Mitchell T M. 1983. An overview of machine learning[C]//Michalski R S，Garbonell J G，Mitchell T M. Machine Learning. Berlin：Springer：3-23.

Cerrone A，Hochhalter J，Heber G，et al. 2014. On the effects of modeling as-manufactured geometry：toward digital twin[J]. International Journal of Aerospace Engineering，

（439278）：1-10.

Chaomei C. 2017. Science mapping:a systematic review of the literature[J]. Journal of Data & Information Science，2（2）：1-40.

Chen C M，Ibekwe-Sanjuan F，Hou J H. 2010. The structure and dynamics of cocitation clusters: a multiple-perspective cocitation analysis[J]. Journal of the American Society for Information Science & Technology，61（7）：1386-1409.

Cheng Y，Chen K，Sun H M，et al. 2018. Data and knowledge mining with big data towards smart production[J]. Journal of Industrial Information Integration，9：1-13.

Choudhary A K，Harding J A，Tiwari M K. 2008. Data mining in manufacturing：a review based on the kind of knowledge[J]. Journal of Intelligent Manufacturing，20（5）：501.

Comm C L，Mathaisel D F X. 2005. An exploratory analysis in applying lean manufacturing to a labor-intensive industry in China[J]. Asia Pacific Journal of Marketing & Logistics，17（4）：63-80.

Coronado P D U，Lynn R，Louhichi W，et al. 2018. Part data integration in the shop floor digital twin：mobile and cloud technologies to enable a manufacturing execution system[J]. Journal of Manufacturing Systems，48：25-33.

Cully A，Clune J，Tarapore D，et al. 2015. Robots that can adapt like animals[J]. Nature，521（7553）：503-507.

Dai Q Y，Zhong R Y，Huang G Q，et al. 2012. Radio frequency identification-enabled real-time manufacturing execution system：a case study in an automotive part manufacturer[J]. International Journal of Computer Integrated Manufacturing，25（1）：51-65.

de França B B N，Travassos G H. 2016. Experimentation with dynamic simulation models in software engineering：planning and reporting guidelines[J]. Empirical Software Engineering，21（3）：1302-1345.

Dekkers R，Chang C M，Kreutzfeldt J. 2013. The interface between "product design and engineering" and manufacturing：a review of the literature and empirical evidence[J]. International Journal of Production Economics，144（1）：316-333.

Difrancesco R M，Huchzermeier A. 2016. Closed-loop supply chains：a guide to theory and practice[J]. International Journal of Logistics Research & Applications，19（5）：443-464.

Dotoli M，Fanti M P，Iacobellis G，et al. 2012. A lean manufacturing strategy using value stream mapping，the unified modeling language，and discrete event simulation[C]. IEEE International Conference on Automation Science & Engineering.

Dwivedi Y K，Janssen M，Slade E L，et al. 2017. Driving innovation through big open linked data （BOLD）：exploring antecedents using interpretive structural modelling[J]. Information Systems Frontiers，19（2）：197-212.

Esposito C，Castiglione A，Martini B，et al. 2016. Cloud manufacturing：security，privacy，and forensic concerns[J]. IEEE Cloud Computing，3（4）：16-22.

Esposito C，Castiglione A，Palmieri F，et al. 2018. Event-based sensor data exchange and fusion in the internet of things environments[J]. Journal of Parallel & Distributed Computing，118：328-343.

Esposito C，Castiglione A，Pop F，et al. 2017. Challenges of connecting edge and cloud computing：a security and forensic perspective[J]. IEEE Cloud Computing，4（2）：13-17.

Feng H N. 2010. System simulation and analysis using hierarchical event relationship graphs[J]. Application Research of Computers，27（7）：2568-2572.

Ferreira F，Faria J，Azevedo A，et al. 2017. Product lifecycle management in knowledge intensive collaborative environments：an application to automotive industry[J]. International Journal of Information Management，37（1）：1474-1487.

Fouladinejad N，Fouladinejad N，Jalil M K A，et al. 2017. Decomposition-assisted computational technique based on surrogate modeling for real-time simulations[J]. Complexity，（1）：1-14.

Foures D，Franceschini R，Bisgambiglia P A，et al. 2018. multiPDEVS：a parallel multicomponent system specification formalism[J]. Complexity，2018：1-19.

Ghauri P，Lutz C，Tesfom G. 2003. Using networks to solve export-marketing problems of small-and medium-sized firms from developing countries[J]. European Journal of Marketing，37（5/6）：728-752.

Githens G. 2007. Product lifecycle management：driving the next generation of lean thinking by michael grieves[J]. Journal of Product Innovation Management，24（3）：278-280.

Glaessgen E H，Stargel D S. 2012. The digital twin paradigm for future NASA and U.S. air force vehicles[C]. Aiaa/asme/asce/ahs/asc Structures，Structural Dynamics & Materials Conference.

Graessler I，Poehler A. 2018. Intelligent control of an assembly station by integration of a digital twin for employees into the decentralized control system[J]. Procedia Manufacturing，24：185-189.

Grieves M. 2015. Digital twin：manufacturing excellence through virtual factory replication[Z]. White Paper：1-7.

Grieves M，Vickers J. 2017. Digital twin：mitigating unpredictable，undesirable emergent behavior in complex systems[C]//Kahlen F-J，Flumerfelt S，Alves A. Transdisciplinary Perspectives on Complex Systems：New Findings and Approaches. Cham：Springer International Publishing：85-113.

Guo J P，Zhao N，Sun L，et al. 2018. Modular based flexible digital twin for factory design[J]. Journal of Ambient Intelligence & Humanized Computing，10（6）：1189-1200.

Guo Q L，Zhang M. 2009. A novel approach for multi-agent-based intelligent manufacturing system[J]. Information Sciences, 179（18）: 3079-3090.

Gurumurthy A, Kodali R. 2011. Design of lean manufacturing systems using value stream mapping with simulation: a case study[J]. Journal of Manufacturing Technology Management, 22（4）: 444-473.

Haag S, Anderl R. 2018. Digital twin-proof of concept[J]. Manufacturing Letters, 15: 64-66.

Hatziargyriou N. 2001. Machine Learning Applications to Power Systems[M]. Berlin: Springer.

Heravi G, Firoozi M. 2017. Production process improvement of buildings' prefabricated steel frames using value stream mapping[J]. The International Journal of Advanced Manufacturing Technology, 89（9/12）: 3307-3321.

Hochhalter J D, Leser W P, Newman J A, et al. 2014. Coupling damage-sensing particles to the digital twin concept[R]. Hanover: NASA Center for AeroSpace Information.

Hoffman K, Parejo M, Bessant J, et al. 1998. Small firms, R&D, technology and innovation in the UK: a literature review[J]. Technovation, 18（1）: 39-55.

Hooi L W. 2006. Implementing e-HRM: the readiness of small and medium sized manufacturing companies in Malaysia[J]. Asia Pacific Business Review, 12（4）: 465-485.

Hou Y, Fan X M, Yan J Q, et al. 2001. Simulation-based manufacturing system object modeling[J]. Computer Integrated Manufacturing Systems, 7（5）: 42-46.

Hu L, Xie N N, Kuang Z J, et al. 2012. Review of cyber-physical system architecture[C]. IEEE International Symposium on Object/Component/Service-Oriented Real-time Distributed Computing Workshops.

Huang C C, Liu S H. 2005. A novel approach to lean control for Taiwan-funded enterprises in Mainland China[J]. International Journal of Production Research, 43（12）: 2553-2575.

Huang G Q, Zhang Y F, Jiang P Y. 2008. RFID-based wireless manufacturing for real-time management of job shop WIP inventories[J]. International Journal of Advanced Manufacturing Technology, 36（7/8）: 752-764.

Huang Y T. 2018. A closed-loop supply chain with trade-in strategy under retail competition[J]. Mathematical Problems in Engineering, 2018: 1-16.

Ieee B E. 2010. IEEE standard for modeling and simulation(M&S)high level architecture(HLA)—framework and rules-redline[C]//IEEE: 1-378.

Iglesias D, Bunting P, Esquembri S, et al. 2017. Digital twin applications for the JET divertor[J]. Fusion Engineering and Design, 125: 71-76.

Jahangirian M, Eldabib T, Naseer A, et al. 2010. Simulation in manufacturing and business: a review[J]. European Journal of Operational Research, 203（1）: 1-13.

Jena S K, Sarmah S P. 2016. Future aspect of acquisition management in closed-loop supply chain[J]. International Journal of Sustainable Engineering, 9（4）: 266-276.

Jiang Z G, Zhou F, Sutherland J W, et al. 2014. Development of an optimal method for remanufacturing process plan selection[J]. The International Journal of Advanced Manufacturing Technology, 72（9/12）: 1551-1558.

Kadiyala A, Kumar A. 2018. Applications of python to evaluate the performance of decision tree-based boosting algorithms[J]. Environmental Progress & Sustainable Energy, 37（2）: 618-623.

Kagan C R, Lifshitz E, Sargent E H, et al. 2016. Building devices from colloidal quantum dots[J]. Science, 353（6302）: 5523.

Kasperczyk M, Böttinger F, Michen M, et al. 2012. Applied knowledge management for complex and dynamic factory planning[J]. International Journal of Modern Physics A, 16（12）: 2165-2173.

Kateris D, Moshou D, Pantazi X E, et al. 2014. A machine learning approach for the condition monitoring of rotating machinery[J]. Journal of Mechanical Science & Technology, 28(1): 61-71.

Ke G L, Meng Q, Finley T, et al. 2017. LightGBM: a highly efficient gradient boosting decision tree[Z]. Advances in Neural Information Processing Systems.

Knapp G L, Mukherjee T, Zuback J S, et al. 2017. Building blocks for a digital twin of additive manufacturing[J]. Acta Materialia, 135: 390-399.

Köksal G, Batmaz İ, Testik M C. 2011. A review of data mining applications for quality improvement in manufacturing industry[J]. Expert Systems with Applications, 38（10）: 13448-13467.

Kraft E M. 2016. The air force digital thread/digital twin-life cycle integration and use of computational and experimental knowledge[C]. 54th AIAA Aerospace Sciences Meeting.

Kunath M, Winkler H. 2018. Integrating the digital twin of the manufacturing system into a decision support system for improving the order management process[J]. Procedia CIRP, 72: 225-231.

Kuo Y H, Szeto W Y. 2018. Smart transportation and analytics[J]. Transportmetrica B: Transport Dynamics, 6（1）: 1-3.

Kusiak A. 2017. Smart manufacturing must embrace big data[J]. Nature, 544（7648）: 23-25.

La H J, Kim S D. 2010. A service-based approach to designing cyber physical systems[C]. 9th IEEE/ACIS International Conference on Computer & Information Science.

Lasa I S, Laburu C O, Vila R D C. 2008. An evaluation of the value stream mapping tool[J]. Business Process Management Journal, 14（1）: 39-52.

Lee E A. 2008. Cyber physical systems: design challenges[C]. 2008 11th IEEE International Symposium on Object and Component-Oriented Real-Time Distributed Computing（ISORC）.

Lee E A. 2015. The past, present and future of cyber-physical systems: a focus on models[J]. Sensors, 15（3）: 4837-4869.

Lee J, Lapira E, Yang S H, et al. 2013. Predictive manufacturing system-trends of next-generation production systems[J]. IFAC Proceedings Volumes, 46（7）: 150-156.

Li C B, Tang Y, Li C C. 2011. A GERT-based analytical method for remanufacturing process routing[C]. IEEE International Conference on Automation Science and Engineering.

Li C Z, Mahadevan S, Ling Y, et al. 2017. A dynamic Bayesian network approach for digital twin[C]. 19th AIAA Non-Deterministic Approaches Conference.

Li D F, Jiang B H, Suo H S, et al. 2015. Overview of smart factory studies in petrochemical industry[J]. Computer Aided Chemical Engineering, 37: 71-76.

Li J Q, Fan Y S, Zhou M C. 2004. Performance modeling and analysis of workflow[J]. IEEE Transactions on Systems Man and Cybernetics Part A-Systems and Humans, 34(2): 229-242.

Li J R, Tao F, Cheng Y, et al. 2015. Big data in product lifecycle management[J]. The International Journal of Advanced Manufacturing Technology, 81（1/4）: 667-684.

Li L L, Li C B, Ma H J, et al. 2015. An optimization method for the remanufacturing dynamic facility layout problem with uncertainties[J]. Discrete Dynamics in Nature and Society, 2015: 1-11.

Li X, Gao G, Meng D. 2016. An empirical research on process innovation mechanism: the evidence from China's automobile industry[J]. Science Research Management, 37（12）: 37-45.

Li Z, Zhang X, Jiang J. 2016. ECRS and heuristic algorithm-based balance study in turbochargers assembly line[J]. Machinery, 43（4）: 1-5.

Lian Y H, van Landeghem H. 2007. Analysing the effects of lean manufacturing using a value stream mapping-based simulation generator[J]. International Journal of Production Research, 45（13）: 3037-3058.

Liang H, Xie N, Kuang Z, et al. 2012. Review of cyber-physical system architecture[R]. IEEE International Symposium on Object/component/service-oriented Real-time Distributed Computing Workshops.

Lim C, Kim K H, Kim M J, et al. 2018. From data to value: a nine-factor framework for data-based value creation in information-intensive services[J]. International Journal of Information Management, 39: 121-135.

Lin C J. 2002. Errata to "A comparison of methods for multiclass support vector machines" [J]. IEEE Transactions on Neural Networks, 13（4）: 1026, 1027.

Lin P, Li M, Kong X, et al. 2017. Synchronisation for smart factory-towards IoT-enabled mechanisms[J]. International Journal of Computer Integrated Manufacturing, 31（7）: 624-635.

Liu C, Vengayil H, Zhong R Y, et al. 2018. A systematic development method for cyber-physical machine tools[J]. Journal of Manufacturing Systems，48：13-24.

Liu Q，Zhang H，Leng J W，et al. 2019. Digital twin-driven rapid individualised designing of automated flow-shop manufacturing system[J]. International Journal of Production Research，57（12）：3903-3919.

Liu Y，Peng Y，Wang B L，et al. 2017. Review on cyber-physical systems[J]. IEEE/CAA Journal of Automatica Sinica，4（1）：27-40.

Liu Y K，Xu X. 2017. Industry 4.0 and cloud manufacturing：a comparative analysis[J]. Journal of Manufacturing Science and Engineering，139（3）：034701.

Lohtander M，Ahonen N，Lanz M，et al. 2018a. Micro manufacturing unit and the corresponding 3D-model for the digital twin[J]. Procedia Manufacturing，25：55-61.

Lohtander M，Garcia E，Lanz M，et al. 2018b. Micro manufacturing unit-creating digital twin objects with common engineering software[J]. Procedia Manufacturing，17：468-475.

Lu Y G，Min Q F，Liu Z Y，et al. 2019. An IoT-enabled simulation approach for process planning and analysis：a case from engine re-manufacturing industry [J]. International Journal of Computer Integrated Manufacturing，32（4/5）：413-429.

Macchi M，Roda I，Negri E，et al. 2018. Exploring the role of digital twin for asset lifecycle management[J]. IFAC-PapersOnLine，51（11）：790-795.

Mahapatra R N，Biswal B B，Parida P K. 2013. A modified deterministic model for reverse supply chain in manufacturing[J]. Journal of Industrial Engineering，2013：1-10.

Malik A A，Bilberg A. 2018. Digital twins of human robot collaboration in a production setting[J]. Procedia Manufacturing，17：278-285.

Mamonov S，Triantoro T M. 2018. The strategic value of data resources in emergent industries[J]. International Journal of Information Management，39：146-155.

Man T W Y，Lau T，Chan K F. 2002. The competitiveness of small and medium enterprises：a conceptualization with focus on entrepreneurial competencies[J]. Journal of Business Venturing，17（2）：123-142.

Martínez G S，Sierla S，Karhela T，et al. 2018. Automatic generation of a simulation-based digital twin of an industrial process plant[R]. IEEE Transactions on Intelligent Transportation Systems.

Mayer-Schnberger V，Cukier K. 2014. Big data：a revolution that will transform how we live，work，and think[J]. American Journal of Epidemiology，179（9）：1143，1144.

Mcdonald T，van Aken E M，Rentes A F. 2002. Utilising simulation to enhance value stream mapping：a manufacturing case application[J]. International Journal of Logistics Research & Applications，5（2）：213-232.

McEvoy M A，Correll N. 2015. Materials that couple sensing，actuation，computation，and communication[J]. Science，347（6228）：1261689.

Miller A M D, Alvarez R, Hartman N. 2018. Towards an extended model-based definition for the digital twin[J]. Computer-Aided Design and Applications, 15（6）: 880-891.

Min Q F, Lu Y G, Liu Z Y, et al. 2019. Machine learning based digital twin framework for production optimization in petrochemical industry[J]. International Journal of Information Management, 49: 502-519.

Monostori L. 2003. AI and machine learning techniques for managing complexity, changes and uncertainties in manufacturing[J]. Engineering Applications of Artificial Intelligence, 16(4): 277-291.

Monostori L, Kádár B, Bauernhansl T, et al. 2016. Cyber-physical systems in manufacturing[J]. CIRP Annals-Manufacturing Technology, 65（2）: 621-641.

Moussa C, Ai-Haddad K, Kedjar B, et al. 2018. Insights into digital twin based on finite element simulation of a large hydro generator[C]. IECON 2018-44th Annual Conference of the IEEE Industrial Electronics Society.

Nariman F, Nima F, Kasim A, et al. 2017. Decomposition-assisted computational technique based on surrogate modeling for real-time simulations[J]. Complexity, （1）: 1-14.

Negri E, Fumagalli L, Cimino C, et al. 2019. FMU-supported simulation for CPS digital twin[J]. Procedia Manufacturing, 28: 201-206.

Negri E, Fumagalli L, Macchi M. 2017. A review of the roles of digital twin in CPS-based production system[J]. Procedia Manufacturing, 11: 939-948.

Nooteboom B. 1994. Innovation and diffusion in small firms: theory and evidence[J]. Small Business Economics, 6（5）: 327-347.

Pach C, Berger T, Bonte T, et al. 2014. ORCA-FMS: a dynamic architecture for the optimized and reactive control of flexible manufacturing scheduling[J]. Computers in Industry, 65（4）: 706-720.

Padovano A, Longo F, Nicoletti L, et al. 2018. A digital twin based service oriented application for a 4.0 knowledge navigation in the dmart factory[J]. IFAC-PapersOnLine, 51（11）: 631-636.

Pham D T, Packianather M S, Dimov S S, et al. 2004. An application of datamining and machine learning techniques in the metal industry[C]. Proceedings 4th CIRP International Seminar on Intelligent Computation in Manufacturing Engineering, Sorrento, Italy.

Qi Q L, Tao F. 2018. Digital twin and big data towards smart manufacturing and industry 4.0: 360 degree comparison[J]. IEEE Access, 6（99）: 3585-3593.

Qi Q L, Tao F, Zuo Y, et al. 2018. Digital twin service towards smart manufacturing[J]. Procedia CIRP, 72: 237-242.

Qu T, Thürer M, Wang J H, et al. 2017. System dynamics analysis for an Internet-of-Things-enabled production logistics system[J]. International Journal of Production Research, 55(9):

2622-2649.

Qu T, Zhang K, Luo H, et al. 2015. Internet-of-things based dynamic synchronization of production and logistics: mechanism, system and case study[J]. Journal of Mechanical Engineering, 51（20）: 36-44.

Rabah S, Assila A, Khouri E, et al. 2018. Towards improving the future of manufacturing through digital twin and augmented reality technologies[J]. Procedia Manufacturing, 17: 460-467.

Rana R, Staron M, Hansson J, et al. 2015. A framework for adoption of machine learning in industry for software defect prediction[C]. International Conference on Software Engineering & Applications.

Rosen R, von Wichert G, Lo G, et al. 2015. About the importance of autonomy and digital twins for the future of manufacturing[J]. IFAC-PapersOnLine, 48（3）: 567-572.

Rosenberg B. 1974. Understanding scientific literatures: a bibliometric approach[J]. Information Storage & Retrieval, 10（11/12）: 420, 421.

Sakhnovich A. 2010. On the GBDT version of the Bäcklund-Darboux transformation and its applications to linear and nonlinear equations and Weyl theory[J]. Mathematical Modelling of Natural Phenomena, 5（4）: 340-389.

Sanchez R, Mahoney J T. 1996. Modularity, flexibility, and knowledge management in product and organization design[J]. Strategic Management Journal, 17（S2）: 63-76.

Sandanayake Y G, Oduoza C F. 2009. Dynamic simulation for performance optimization in just-in-time-enabled manufacturing processes[J]. The International Journal of Advanced Manufacturing Technology, 42（3/4）: 372-380.

Santillán G, Sierla S, Karhela T, et al. 2018. Automatic generation of a simulation-based digital twin of an industrial process plant[C]. IECON 2018-44th Annual Conference of the IEEE Industrial Electronics Society.

Santos M Y, Sá J O E, Andrade C, et al. 2017. A big data system supporting Bosch Braga industry 4.0 strategy[J]. International Journal of Information Management, 37（6）: 750-760.

Saputelli L, Nikolaou M, Economides M J. 2006. Real-time reservoir management: a multiscale adaptive optimization and control approach[J]. Computational Geosciences, 10（1）: 61-96.

Scaglioni B, Ferretti G. 2018. Towards digital twins through object-oriented modelling: a machine tool case study[J]. IFAC-PapersOnLine, 51（2）: 613-618.

Schleich B, Anwer N, Mathieu L, et al. 2017. Shaping the digital twin for design and production engineering[J]. CIRP Annals-Manufacturing Technology, 66（1）: 141-144.

Schroeder G N, Steinmetz C, Pereira C E, et al. 2016a. Visualising the digital twin using web services and augmented reality[C]. 2016 IEEE 14th International Conference on Industrial

Informatics.

Schroeder G N, Steinmetz C, Pereira C E, et al. 2016b. Digital twin data modeling with automationML and a communication methodology for data exchange[J]. IFAC-PapersOnLine, 49（30）: 12-17.

Seth D, Gupta V. 2005. Application of value stream mapping for lean operations and cycle time reduction: an Indian case study[J]. Production Planning & Control, 16（1）: 44-59.

Seth D, Seth N, Dhariwal P. 2017. Application of value stream mapping（VSM）for lean and cycle time reduction in complex production environments: a case study[J]. Production Planning & Control, 28（5）: 398-419.

Shafto M, Conroy M, Doyle R, et al. 2010. Modeling, simulation, information technology & processing roadmap[R]. National Aeronautics and Space Administration.

Shah R, Ward P T. 2003. Lean manufacturing: context, practice bundles, and performance[J]. Journal of Operations Management, 21（2）: 129-149.

Shu Z G, Wan J F, Zhang D Q, et al. 2015. Cloud-integrated cyber-physical systems for complex industrial applications[J]. Mobile Networks and Applications, 21（5）: 865-878.

Simens. 2015. The digital twin[Z]. Siemens.com advance.

Söderberg R, Wärmefjord K, Carlson J S, et al. 2017. Toward a digital twin for real-time geometry assurance in individualized production[J]. CIRP Annals-Manufacturing Technology, 66（1）: 137-140.

Sung J, Jeong B. 2014. A heuristic for disassembly planning in remanufacturing system[Z].

Svetnik V, Liaw A, Tong C, et al. 2003. Random forest: a classification and regression tool for compound classification and QSAR modeling[J]. Journal of Chemical Information & Computer Sciences, 43（6）: 1947-1958.

Taj S. 2008. Lean manufacturing performance in China: assessment of 65 manufacturing plants[J]. Journal of Manufacturing Technology Management, 19（2）: 217-234.

Talkhestani B A, Jazdi N, Schloegl W, et al. 2018. Consistency check to synchronize the digital twin of manufacturing automation based on anchor points[J]. Procedia CIRP, 72: 159-164.

Tao F, Cheng J F, Qi Q L, et al. 2018a. Digital twin-driven product design, manufacturing and service with big data[J]. The International Journal of Advanced Manufacturing Technology, 94（9）: 3563-3576.

Tao F, Qi Q L, Liu A, et al. 2018c. Data-driven smart manufacturing[J]. Journal of Manufacturing Systems, 48: 157-169.

Tao F, Qi Q L, Wang L H, et al. 2019a. Digital twins and cyber-physical systems toward smart manufacturing and industry 4.0: correlation and comparison[J]. Engineering, 5（4）: 653-661.

Tao F, Sui F Y, Liu A, et al. 2018b. Digital twin-driven product design framework[J].

International Journal of Production Research, 57（1）：3935-3953.

Tao F, Zhang H, Liu A, et al. 2019b. Digital twin in industry: state-of-the-art[J]. IEEE Transactions on Industrial Informatics, 15（4）：2405-2415.

Tao F, Zhang M. 2017. Digital twin shop-floor: a new shop-floor paradigm towards smart manufacturing[J]. IEEE Access, （5）：20418-20427.

Tao F, Zhang M, Liu Y S, et al. 2018d. Digital twin driven prognostics and health management for complex equipment[J]. CIRP Annals, 67（1）：169-172.

Tellaeche A, Arana R. 2013. Machine learning algorithms for quality control in plastic molding industry[C]. 2013 IEEE 18th Conference on Emerging Technologies & Factory Automation.

Thomson N. 2002. Simulation in manufacturing[J]. Journal of the Operational Research Society, 75（3）：110.

Tuegel E J. 2013. The airframe digital twin: some challenges to realization[Z]. Aiaa/asme/asce/ahs/asc Structures, Structural Dynamics & Materials Conference.

Tuegel E J, Ingraffea A R, Eason T G, et al. 2011. Reengineering aircraft structural life prediction using a digital twin[J]. International Journal of Aerospace Engineering, 2011: 1-15.

Uhlemann T H J, Lehmann C, Steinhilper R. 2017b. The digital twin: realizing the cyber-physical production system for industry 4.0[J]. Procedia CIRP, 61: 335-340.

Uhlemann T H J, Schock C, Lehmann C, et al. 2017a. The digital twin: demonstrating the potential of real time data acquisition in production systems[J]. Procedia Manufacturing, 9: 113-120.

Um J, Weyer S, Quint F. 2017. Plug-and-simulate within modular assembly line enabled by digital twins and the use of automationML[J]. IFAC-PapersOnLine, 50（1）：15904-15909.

ur Rehman M H, Chang V, Batool A, et al. 2016. Big data reduction framework for value creation in sustainable enterprises[J]. International Journal of Information Management, 36（6）：917-928.

Vachálek J, Bartalský L, Rovný O, et al. 2017. The digital twin of an industrial production line within the industry 4.0 concept[C]. 2017 21st International Conference on Process Control.

van de Vrande V, de Jong J P J, Vanhaverbeke W, et al. 2009. Open innovation in SMEs: trends, motives and management challenges[J]. Technovation, 29（6/7）：423-437.

van der Aalst W M P, van Dongen B F. 2002. Discovering workflow performance models from timed logs[C]//Han Y B, Tai S, Wikarski D. Engineering and Deployment of Cooperative information Systems. Berlin: Springer: 45-63.

van der Zee D J. 2012. An integrated conceptual modeling framework for simulation: linking simulation modeling to the systems engineering process[C]. Simulation Conference（WSC）, Proceedings of the 2012 Winter.

Vrabič R, Erkoyuncu J A, Butala P, et al. 2018. Digital twins: understanding the added value of integrated models for through-life engineering services[J]. Procedia Manufacturing, 16: 139-146.

Wan J F, Yan H H, Suo H, et al. 2011. Advances in cyber-physical systems research[J]. KSII Transactions on Internet and Information Systems, 5 (11): 1891-1908.

Wang D H, Zhang Y, Zhao Y. 2017. LightGBM: an effective miRNA classification method in breast cancer patients[C]. Proceedings of the 2017 International Conference on Computational Biology and Bioinformatics, Newark, NJ, USA, ACM: 3155079.

Wang L H, Haghighi A. 2016. Combined strength of holons, agents and function blocks in cyber-physical systems[J]. Journal of Manufacturing Systems, 40 (2): 25-34.

Wang M L, Qu T, Zhong R Y, et al. 2012. A radio frequency identification-enabled real-time manufacturing execution system for one-of-a-kind production manufacturing: a case study in mould industry[J]. International Journal of Computer Integrated Manufacturing, 25 (1): 20-34.

Wang S Y, Wan J F, Zhang D Q, et al. 2016. Towards smart factory for industry 4.0: a self-organized multi-agent system with big data based feedback and coordination[J]. Computer Networks, 101: 158-168.

Wen J F, Li S X, Lin Z Y, et al. 2012. Systematic literature review of machine learning based software development effort estimation models[J]. Information & Software Technology, 54 (1): 41-59.

West T D, Blackburn M. 2017. Is digital thread/digital twin affordable? A systemic assessment of the cost of DoD's latest manhattan project[J]. Procedia Computer Science, 114: 47-56.

Wu K J, Liao C J, Tseng M L, et al. 2017. Toward sustainability: using big data to explore the decisive attributes of supply chain risks and uncertainties[J]. Journal of Cleaner Production, 142: 663-676.

Wu N Q, Bai L P. 2005. Scheduling optimization in petroleum refining industry: a survey[J]. Computer Integrated Manufacturing Systems, 11 (1): 90-96.

Xie Q, Liu Z T, Ding X W. 2018. Electroencephalogram emotion recognition based on a stacking classification model[Z].

Yaqoob I, Hashem I A T, Gani A, et al. 2016. Big data: from beginning to future[J]. International Journal of Information Management, 36 (6): 1231-1247.

Yuan Z H, Qin W Z, Zhao J S. 2017. Smart manufacturing for the oil refining and petrochemical industry[J]. Engineering, 3 (2): 179-182.

Zeigler B P, Moon Y, Kim D, et al. 1997. The DEVS environment for high-performance modeling and simulation[J]. IEEE Computational Science & Engineering, 4 (3): 61-71.

Zhang H. 2004. The application of data mining in petrochemical enterprise[J]. Computer Engineering & Applications, 40 (30): 208-210.

Zhang M，Sarker S，Sarker S. 2008. Unpacking the effect of IT capability on the performance of export-focused SMEs：a report from China[J]. Information Systems Journal，18（4）：357-380.

Zhang Q H. 2013. A model for short-term load forecasting in power system based on multi-AI methods[J]. Systems Engineering-Theory & Practice，33（2）：354-362.

Zhang Y F，Ren S，Liu Y，et al. 2017. A big data analytics architecture for cleaner manufacturing and maintenance processes of complex products[J]. Journal of Cleaner Production，142：626-641.

Zhao S E，Li Y L，Fu R，et al. 2014. Fuzzy reasoning Petri nets and its application to disassembly sequence decision-making for the end-of-life product recycling and remanufacturing[J]. International Journal of Computer Integrated Manufacturing，27（5）：415-421.

Zhong R Y，Li Z，Pang L Y，et al. 2013. RFID-enabled real-time advanced planning and scheduling shell for production decision making[J]. International Journal of Computer Integrated Manufacturing，26（7）：649-662.

Zhou C，Wang J C，Tang G W，et al. 2016. Integration of advanced simulation and visualization for manufacturing process optimization[J]. The Journal of The Minerals. Metals & Materials Society，68（5）：1363-1369.

Zhou F，Jiang Z G，Zhang H，et al. 2014. A case-based reasoning method for remanufacturing process planning[J]. Discrete Dynamics in Nature and Society，（5）：1-9.

Zhou J，Li P G，Zhou Y H，et al. 2018. Toward new-generation intelligent manufacturing[J]. Engineering，4（1）：11-20.

附录 DEVS 的定义和仿真框架

离散事件系统规范即 DEVS，是美国学者 Zeigler 提出的一种离散事件系统形式化描述体系。DEVS 提供模块化、层次化的系统建模和仿真执行框架。每个子系统在 DEVS 框架中都被视为一个内部结构独立、IO 接口明确的模块，而且这些模块由多个搭接关系组合成具有一定的连接关系的耦合模型，组合得到的耦合模型被视为一个更大的元素模块，这种对模型的层次化和模块化的描述构成了 DEVS 结构的范式。DEVS 形式的操作语义简洁，有助于与真实系统构建简单对应关系，基于端口通信机制的定义和抽象化的系统行为函数，实现系统间的互操作和系统交互，方便建立具有时间概念的仿真模型。

DEVS 原子模型形式化描述定义如下。

$M = <X, Y, S, s_0, \tau, \delta_x, \delta_y>$

X 是输入事件集。

Y 是输出事件集。

S 是系统状态集。

s_0 是初始状态，属于 S 集合。

τ 是系统维持当前状态的时间周期，通常为一个非负的数值。

δ_x 是一套输入转换功能，代表了有输入事件后触发的一系列状态和时间周期变化的机制。

δ_y 是一套输出转换功能，代表了某个状态如何生成输出事件，以及同时改变内部状态及时间周期的机制。

DEVS 原子模型 M 结构化的表达如附图 1.1 所示。

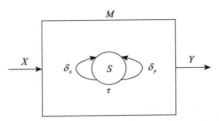

附图 1.1　DEVS 原子模型 M 结构化的表达

DEVS 耦合模型是在 DEVS 原子模型的基础上，提供层次化和模块化的系统网络描述。DEVS 耦合模型的形式化描述定义如下。

$N=< X, Y, D, \{M_i\}, \text{EIC}, \text{ITC}, \text{EOC} >$

X 是输入事件集。

Y 是输出事件集。

D 是子组件的名字集。

$\{M_i\}$ 是 DEVS 的模型集。i 属于 D，而 M_i 既可以是一个单元模型，也可以是一个耦合模型。

EIC 是 N 的外部输入耦合集。

ITC 是 N 的内部变化耦合集。

EOC 是 N 的对外输出耦合集。

DEVS 耦合模型 N 结构化的表达如附图 1.2 所示。

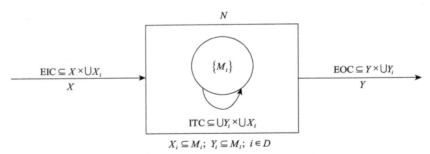

附图 1.2　DEVS 耦合模型 N 结构化的表达

DEVS 作为有限状态自动机的扩展，通过数学的动态系统理论，提供合理、完备的模型和仿真框架。DEVS 分离模型、仿真器和运行框架，同时采用统一的概念描述三者。仿真器的形式化描述使得仿真方法可以严格检验，并可以表达离散时间、连续和混合模型，能够进行连续过程的离散事件仿真。

DEVS 的仿真器需要处理两个主要问题：时间同步和信息传播。DEVS 仿真的运行框架被形式化为模型对象，同时模型和运行框架能够组合形成耦合模型，并且具有其他耦合模型相同的性质。

后　记

研　究　启　示

　　通过以上章节的研究成果，可以看到在物理世界和信息世界之间构建数字孪生，将会有益于生产制造工业全生命周期的各个环节。借助 IIoT、仿真、机器学习和轻量级的芯片等各种新型技术的支撑，数字孪生的构建方法和应用模型都有在制造业实践的可行性。本书通过面向制造业工厂全生命周期的数字孪生构建理论与应用方法的研究，证明数字孪生不论是在工厂的规划阶段、生产控制阶段，还是在流程再造阶段，都有望给企业直接带来效益和价值。同时也可以看出，面向制造业的数字孪生探索仍在起步阶段，其潜在的价值还没有得到充分挖掘，因此数字孪生的构建方法和应用是智能制造领域未来重要的研究与实践方向。

　　本书提出将数字孪生结合物联网和轻量仿真建模，并与精益方法共同用于流程再造工作中，采用数字孪生模型分析流程再造中的关键指标，以解决传统的精益方法的局限性，如准确分析均衡化生产和生产线平衡问题，从而实现流程再造阶段的数字孪生构建。流程再造阶段的数字孪生构建方法简单易行，允许企业采用经济的物联网手段实现仿真数据的采集，对人员能力和系统平台没有过高要求，因此适合中小企业和临时性改造项目的情境。该方法输出的结论清晰准确，有助于评估流程再造带来的可预期收益点及后续的潜在问题，因此对处于转型或升级阶段面临决策困境的中小型制造企业将会很有帮助。通过在一个乐器厂的生产流程再造的应用实例，证明 VSM 分析与数字孪生相结合之后，为中小制造业生产流程再造工作带来帮助。具体而言，本书有如下启示。

　　1. 数字孪生对构建规划模型的启示

　　本书所提到的结合物联网的工艺流程规划分析方法，不仅适用于实例中所涉及的再制造背景环境，也可以应用于其他规划问题相关的制造情境，包括生产线规划问题、物流规划问题和人员规划问题。从实践研究中可得到启示，基于这个方法在不同情境下进行扩展研究或应用的时候，需要关注以下问题。

（1）规划阶段数字孪生使用的是一个简洁的框架模型，其基本元素非常精简，在实际应用的时候，灵活地排列组合基本元素，通过并联、串联、耦合等方式，来实现对较复杂场景的模拟。

（2）规划阶段数字孪生的基本元素在模型的构建中，根据实际仿真模型的构建需要，灵活地变通使用，而不受限于其原始定义。例如，元素 LINK 可以用于模拟两个点位之间的运输条件参数，也可以用于模拟两个点位之间的缓冲负载。

（3）本书中提出的规划阶段数字孪生方法，更适用的情境是中小型企业，或临时性的小型项目。当这些企业在面临只需要快捷地获取有效结论，而不需要进行精确而复杂的仿真分析的情形时，本方法将会产生显著效果。

（4）本书规划实例中采用的物联网信息，主要是生产线的数控机床的 PLC 和 CNC，随着新技术的不断出现，有更多的物联网信息有可能为本方法提供仿真数据。例如，人员随身佩戴的数字化设备、载具上的定位设备，将来都可以成为规划数字孪生的数据来源。

2. 数字孪生对流程工业生产控制优化的启示

数字孪生的生产控制优化方法研究对流程工业有重要的启示。在流程制造工业的情境下，原料的成分性质不均衡，温度和气候变化等各种环境干扰因素一直存在。基于 IIoT、工业大数据和机器学习方法构建的数字孪生，有助于企业根据环境的变化迅速做出调整，从而实现每台生产装置在不断变化的外部条件约束下，输出性能始终达到最优。这种方法实现的不仅是石油化工行业的生产过程优化控制，也可以举一反三应用到其他行业的生产控制优化。例如，在冶金行业中，通过对最终产品的纯度和生产控制参数等实时数据构建的数字孪生，对锅炉温度和投料速度进行优化控制；在食品加工行业中，通过对中间投料的品质数据和温度、含水量等实时数据构建的数字孪生，对添加剂投放数量和发酵时间进行优化控制；在火电和采暖行业中，通过对煤块的品质、燃烧台的反转次数和单位时间输出热量等实时数据构建的数字孪生，对燃料投放、送风速度进行优化控制。

3. 数字孪生对离散工业生产控制优化的启示

数字孪生的生产控制优化方法研究对离散制造工业有着重要的启示。离散工业情境及 RFID 技术的集成，都为构建数字孪生提供了工业大数据的基础，可以借鉴同样的方法，构建用于优化生产控制的数字孪生。例如，在精密机械加工行业中，通过对过程精度、刀具磨损程度和机轴运转稳定程度等实时数据构建数字孪生，实时优化切削机床的刀具转速和进给速度；在液晶生产工业中，通过对成品故障点数和曝光、清洗、烘烤等实时数据构建的数字孪生，对曝光时间、烘烤时间和清洗溶液配比等控制参数实时优化；在芯片生产工业中，通过对品质等级分布和切片、光刻、脱胶等实时数据构建的数字孪生，对各个环节的工艺参数和中间品质控制的筛选标准实时优化。

4. 数字孪生模型对生产上下游环节的启示

制造业上下游环节的控制与管理，可以从数字孪生的理论和应用方法研究中得到启示。不论是在本企业生产控制环节，还是在同类产品的企业间和上下游相关联企业之间，都可能通过大型开放链接数据（big open linked data，BOLD）来构建解释结构模型（interpretive structural modelling，ISM）（Dwivedi et al.，2017），而基于机器学习的数字孪生构建方法，为此提供了一种可实践的应用模式，用于优化生产链条上下游的各个环节。这种新型的智能化模式有望覆盖供应链管理、生产过程管理、能源消耗管理、安全管理、设备维护管理等多个重要的工厂业务领域。例如，通过基于机器学习的数字孪生来预测原料的需求，优化进出厂的物流，优化库存和内部物流与生产过程的协同；寻找不同工艺点位之间的相关性，对产品的输出配置和比例进行预测，优化产品的输出分布；对能源消耗进行预测，优化水电气等公用资源的配送；对人的行为和安全进行预测和风险预警；对环境保护的绩效进行评估，并提供风险预警；对设备和管道的变化状态进行模拟和评估，预测设备磨损、管道腐蚀的程度，并对故障问题的根本原因进行分析等。

5. 数字孪生模型对非制造业领域的启示

非制造业领域的控制与管理也可以从数字孪生的理论和应用方法研究中得到启示。在智慧城市的话题方面，基于机器学习的数字孪生有广泛的潜在应用价值。数字孪生将有可能构建更好的智慧城市，从而有效提升城市居民的生活、交通运输治理、环境、经济和政府职能部门内部衔接等各方面水平。基于城市物联网大数据和机器学习方法构建的城市数字孪生模型，将有助于消除城市发展过程中的潜在风险。通过历史数据训练得到的数字孪生模型，结合城市的物联网数据，将有可能以更优化的方式控制城市的道路信号、公共交通系统，以及优化电力、采暖、自来水、网络带宽等公用资源的分配。

6. 工业大数据未来应用特征的启示

过去人类推导因果联系的方法是基于已有的认知来获得"确定性"的机理分解，然后建立新的模型来进行推导。基于先验知识推导出来的结论可能是不完备的，甚至可能在有意无意中忽略了重要的变量，或者更重要的潜在结论。Mayer-Schnberger 和 Cukier（2014）指出，大数据时代最大的转变，就是放弃对因果关系的渴求，取而代之的是关注相关关系。

通过对数字孪生和工业大数据的不断深入研究和实践探索，本书作者在"效果"和"因果"的平衡与决策过程中得到诸多启示。参考 Gray 提出的科学第四范式的启示，本书提出如下观点：制造行业无论是在构建数字孪生的情境下，还是在其他情境中，未来对工业大数据的应用实例，多数都将有"一事一议，既往不咎"的特征，启动和输入环节将有"刨根问底，追根溯源"的特征，结束和输出环节将很有可能又越来越多地体现出"只问结果，不问因果"的特征。

关于为何在输出环节"只问结果，不问因果"，进一步给出具体的依据和分析如下。

（1）多数工业大数据实例的因果追究不起。随着算法的不断改进和人机交互界面的不断增强，未来构建模型、评估模型的工作，自动化程度都会越来越高。在不远的将来，可能只需要投入少量的人力进行模型构建的预处理和结果的观察评估，而机器的自动运算将会承担大部分建模、训练、比较和择优的工作。未来大数据的应用对人员素质要求和人力投入要求都会大大降低，大数据的分析将会从前沿科学的研究阵地走下来，变得平民化、便利化、普及化。个人和企业随时随地都可以利用大数据，而且只针对自身关心的当时当地的特定问题寻求答案。站在绝大多数个人和企业的立场，对大数据的探究往往只希望得到一个对个人或企业有效的结果，而不是要追求研究其背后的科学原理。如果要对实例背后的因果进行探究，则需要投入较多的时间、较高的人工成本，而且对参与者会提出较高的科研素质要求。如果对多数实例都要追究其背后的因果联系，后果就是使用大数据的成本可能远远高于它带来的潜在价值，这有悖于基本的经济规律，大数据应用不可能在这样的情境下被普适推广。

（2）较多工业大数据实例的因果追究本身无意义。其一，很多大数据实例的输出结果中并没有普适性的规律。随着大数据应用越来越普遍，大数据应用实例的数量级将会非常大，而且大数据实例往往受其特定情境的约束，无论是在建模和训练环节，还是在模型评价和应用环节，都有"一事一议"的特点，从单个实例的结果中鲜见能推导出具有普适性的规律。其二，在很多情境下的大数据模型天然具有不可解释性。例如，工业装置中的催化反应过程，正是因为基于反应机理的方法无法构建和真实生产线的情况保持一致的模型，才有必要采用机器学习的方法来构建能准确模拟真实生产线的模型。这些大数据分析建模采用循环神经网络或决策森林等组合方法，模型天然就具有不可解释性。根据以上两点，站在大数据的应用企业或个人的立场构建有效的模型，实现预定的准确度和精确度，达成既定的管理和效益提升，就已经达到目标。追究实例背后的因果关系，对绝大多数大数据的实践者并非一件有意义的事情。

（3）多数工业大数据实例的因果追究不是管理科学和信息科学领域的使命。

站在管理科学和信息科学研究的角度，对工业大数据的研究使命，是寻找合理的方法、算法和模型来帮助不同使用情境下的有效关系的构建。评价大数据方法研究结论是否有效的核心手段，是通过实践验证，证明新的结论方法、算法和模型的准确度与实际效用。通过实验和统计学的手段，已经可以评价管理科学与信息科学的领域是否完成其使命，而对于特定实例背后因果关系的探究，是特定的大数据实例情境下所对应的物理、化学、材料学、机械学、生物学、医学等学科领域接下来的任务。其他学科领域的研究者，通过其在该领域掌握的知识与技术进一步对结果做因果分析，而在管理科学与信息科学领域，对多数的工业大数据实例既没有这种使命，也不具备这种知识结构和能力去进一步展开实例背后的因果关系研究。

　　需要进一步说明的是，输出环节"只问结果，不问因果"，不可解读为对大数据的应用可以完全脱离特定实例情境下的专业知识和行业经验。正如本书第 4 章的方法和实例展示，无论是在大数据项目启动阶段还是初步构建数字孪生模型阶段，对当前实例所在行业的深刻认知和对已有经验与知识的充分调研，都是进行正确的问题分析和初始建模工作不可或缺的重要前提。"只问结果，不问因果"强调的是实践目标是要得到有效的结果。是否还需要进一步进行因果分析，则取决于具体实例的具体要求。"只问结果，不问因果"的普遍应用情境，是基于未来大数据将会得到广泛应用的预期下做出的推测。

未 来 展 望

　　数字孪生在工业界和学界都是一个比较新的话题，目前在理论与实践方面可供参考的资料和实例都不多。本书在一个全新的领域展开研究，不可避免地存在较多局限性，目前发现本书研究的局限性有如下几点。

　　（1）正如本书对数字孪生方法框架的描述，数字孪生是由数字孪生实践环构成的、重复循环实践的过程，而不是一次性过程。不论是在规划阶段、生产控制阶段，还是在流程再造阶段，数字孪生都应该包含真实物理环境和虚拟数字模型之间的不断循环迭代。如果能进行多轮的循环观察和评估，将可能带来更有意义的研究成果。本书限于篇幅和实际可观察到的实例时间跨度的问题，多数实例中对数字孪生主要都基于第一轮的循环迭代工作进行过程跟踪和效果评估。因此，针对自适应的数字孪生的形成机制的问题，需要更多的理论研究和实践检验。

　　（2）本书中构建数字孪生模型采用的 IIoT 数据，主要来自生产线的数控 PLC 和 CNC，尚未探索更多种类的 IIoT 的数据来源，如来自运载工具、可穿戴设备和定位设备的数据。随着新型材料的出现，物联网技术和可穿戴技术的不断发展，更多种类的 IIoT 数据将可能融入数字孪生模型的构建中，在这方面未来应当有更大的实践想象空间和理论创新空间。

（3）本书中展示的数字孪生的生产控制优化实例，是对单位价值最高的单产品进行收益率最大化的提升，但单一产品的产量最大化不一定等同于最佳的整体经济效益，还必须考虑能源消耗、市场变化和其他较低产量的影响。在具备条件的情况下，应当站在企业经营的层面展开研究，通过数字孪生建立更复杂的决策模型，以基于对整体经济效益的考虑做出即时过程控制决策。因此，通过数字孪生方法实现对企业经营效益最优的复杂模型构建和生产控制优化技术，有待进一步研究。

（4）本书的实践研究涉及三个情境，即汽车工业、石化工业和中小型制造业。受限于作者的研究周期，在研究的行业覆盖上有两个局限性：一是没有聚焦在同一个行业，集中验证其全生命周期全部环节的数字孪生方法；二是制造业不同阶段的数字孪生方法应当可广泛用于其他类型的制造业，应当通过更多实例寻找不同行业的共性，进一步构建数字孪生的通用方法。对数字孪生方法和体系进行严谨的研究和验证，需要投入更多的时间，在更长的时间维度上充分评估数字孪生对行业全生命周期的影响，以及探索不同行业之间的共性。

对制造业工厂全生命周期的数字孪生构建理论和应用方法的研究，在未来的研究方向上有如下展望。

（1）在更大的时间跨度下，对生产制造业不同阶段的数字孪生实践环进行更多轮循环和更长时间周期的研究。

（2）聚焦在一个特定产业情境下对数字孪生全生命周期方法的综合应用研究。

（3）拓展数字孪生不同阶段的方法到其他工业生产领域的应用方法研究。

（4）拓展数字孪生不同阶段的方法到智慧城市等公共服务领域的应用方法研究。

（5）在先验的专家知识和机器学习的评估结果混合参照的情境下，根据先验和后验的结果对数字孪生的模型性能进行综合评估的评价体系的研究。

（6）在历史数据未在阈值范围内充分激励的条件下，通过数字孪生模型，对阈值范围进行充分激励模拟并预测结果的算法研究。